东南大学建筑学院90周年院庆系列丛书
Book Series for the 90th Anniversary of
School of Architecture, Southeast University

东南大学建筑学院教师
遗产保护作品选

1927-2017

The Works II:
Selected Preservation Projects
by the Teachers
at the School of Architecture of SEU
1927-2017

东南大学建筑学院教师
遗产保护作品选编写组 编

中国建筑工业出版社

图书在版编目（CIP）数据

东南大学建筑学院教师遗产保护作品选 1997-2017 /
东南大学建筑学院教师遗产保护作品选编写组编.
—北京：中国建筑工业出版社，2017.11
（东南大学建筑学院90周年院庆系列丛书）
ISBN 978-7-112-21426-6

Ⅰ.①东…　Ⅱ.①东…　Ⅲ.①建筑—文化遗产—保护—
中国—1927-2017 Ⅳ.①TU—87

中国版本图书馆 CIP 数据核字 (2017) 第 259050 号

本书是东南大学建筑学院90周年院庆系列丛书之一，包括建筑修缮与修复、
园林与风景遗产的修复与扩展、名城名镇名村与历史街区规划设计、全国重点
文物保护单位保护规划、遗址保护与展示五大部分共 65 个项目。

责任编辑：陈　桦　杨　琪
责任校对：王　瑞　李美娜

东南大学建筑学院 90 周年院庆系列丛书
Book Series for the 90th Anniversary of School of Architecture, Southeast University

**东南大学建筑学院教师遗产保护作品选
1927-2017**
The Works Ⅱ : Selected Preservation Projects by the Teachers
at the School of Architecture of SEU 1927-2017
东南大学建筑学院教师遗产保护作品选编写组　编

*

中国建筑工业出版社出版、发行（北京海淀三里河路 9 号）
各地新华书店、建筑书店经销
北京方舟正佳图文设计有限公司制版
北京雅昌艺术印刷有限公司印刷

*

开本：880×1230 毫米　1/16　印张：15½　字数：374 千字
2017 年 10 月第一版　2017 年 10 月第一次印刷
定价：149.00 元
ISBN 978-7-112-21426-6
　　　　(31061)

东南大学建筑学院的前身是中央大学、南京工学院和东南大学建筑系。2003 年，在原建筑系的基础上组建"建筑学院"。其是中国大学建筑教育中最早的一例，自 1927 年建系以来已走过 90 年历程。90 年筚路蓝缕、成长壮大、传承创新，为国家培养了包括院士、大师、总师、院长等在内的大批杰出人才，贡献了大量重要的学术成果和设计创作成果，成为中国一流的建筑类人才培养、科学研究和设计创作的基地，并在国际建筑类学科具有重要影响力。值此 90 周年院庆之际，编辑出版《东南大学建筑学院 90 周年院庆系列丛书》，一为温故 90 年奋斗历程，缅怀前辈建业之伟；二为重温师生情怀和同窗之谊，并向历届师生校友汇报学院发展状况；三为答谢社会各界长期以来对东南大学建筑学院的关爱和支持。

这套丛书包括《东南大学建筑学院学科发展史料汇编 1927 — 2017》、《东南大学建筑学院教师访谈录》、《东南大学建筑学院教师设计作品选 1997 — 2017》、《东南大学建筑学院教师遗产保护作品选 1927 — 2017》、《绿色建筑设计教程》、《建筑·运算·应用：教学与研究 I》等共计 6 册。其中《东南大学建筑学院学科发展史料汇编 1927 — 2017》完整展现了东南大学建筑学院各学科自 1927 年建系至今的发展历程，整理收录期间的部分档案资料，本书亦可作为研究中国近现代建筑教育源流及发展的参考资料；《东南大学建筑学院教师访谈录》收录了部分老教师的访谈文稿，是学院发展各阶段的参与者和见证者对东南建筑学派 90 年发展历程生动且真切的记录和展现；《东南大学建筑学院教师设计作品选 1997 — 2017》汇集了近二十年来建筑学院在任教师的规划、设计作品共计 99 项，集中反映了东南大学教师实践创作的成果、价值与贡献；《东南大学建筑学院教师遗产保护作品选 1927 — 2017》依实践中涉及的建筑遗产保护五大类型，选有自 20 世纪 20 年代以来 90 余年完成的保护项目共 65 例；《绿色建筑设计教程》是近年来学院在建筑学前沿方向教改研究的成果之一，体现了在面对全球气候变化和能源环境危机时建筑学教育的思考与行动；《建筑·运算·应用：教学与研究 I》着眼于计算机编程算法，在生成设计、数控建造和物理互动设计等方向，定义、协调或构建与城市设计、建筑设计、建造体系相关的各种技术探索，结合教学激发多样设计潜能。

期待这套丛书能成为与诸位方家分享经验的桥梁，也是激励在校师生不忘初心，继续努力前行的新起点。

编者识

序

相对于华夏文明五千年的历史和丰厚的建筑文化遗产，中国的遗产保护尤其是建筑遗产保护是年轻又责任重大的伟业。改革开放四十年来，建筑遗产保护事业从一个被人遗忘的角落逐渐走到了社会前台，尤其是中国加入世界遗产委员会后的三十余年里，学界和社会对于文化遗产的认知也获得开拓，加深了对于建筑遗产保护理论和实践的期待与探索。东南大学建筑学院的学者们在这一领域起步早、重求索、实践丰、与时进，从筚路蓝缕至绿茵遍野，是不断奋进的 90 年。

东南大学前辈学者的建筑遗产保护研究及实践活动，肇始于 20 世纪 20 年代，并伴随中国营造学社的工作而深入。刘敦桢、杨廷宝、童寯先生都在 20 世纪 20 年代到 30 年代为中国建筑遗产保护事业做了开拓性的工作。1930 年，刘敦桢先生北上担任营造学社文献部主任，和法式部主任梁思成先生等，成为朱启钤社长麾下的学术中坚，随后营造学社的大量工作和成果，奠定了中国建筑史学和建筑遗产保护的基石。

与西方遗产保护的进程不同，中国建筑遗产保护伊始便和历史研究密不可分，此中国遗产保护特色乃因中国文献发达及其文化背景使然，也形成特别的理论和实践路径。朱启钤先生构想的营造学社目标便是："依科学之眼光，作有系统之研究"，"与世界学术名家公开讨论"，"沟通儒匠，濬发智巧"。东南大学建筑学院前辈"三杰"刘敦桢、杨廷宝、童寯先生或理论与实践并重，或互为表里、相互合作，不囿于一己之见，不执迷一派之说，形成独具特色的中国建筑遗产保护的工作风范：重研究、考证和技艺传承又因保护对象不同而手段各异。此与发达国家遗产保护学科不断分野、保护技术愈趋专门化不同，注重的是对遗产价值的保护与承继及其整体历史文化环境的延续。前辈的探索实际上在当今中西方遗产保护交流日益充分的时代，有些理念已被认可并作为东方智慧被广泛接受。

重视理论与实践结合、建筑史学与中国建筑遗产保护一体两面的独特性，在东南大学经由传承和发扬光大，在第二代学者潘谷西、郭湖生、刘先觉等先生的持续和创新工作中传承弘扬，厚积薄发，在园林与景观、建筑与城市、近代与古代、东方与西方的广义建筑学的发展中，分蘖成一花三叶的新架构，不仅催生出风景园林学科、遗产保护博士点，并且在无形中支撑和推动建筑学和城乡规划的学科发展。

正值东南大学建筑学院诞辰 90 周年之际，回顾东南大学在遗产保护方面做过的工作，恰与中国建筑遗产保护的发展历程相同步，即本书展现的五大类：1930 年代以建筑修缮起步；1950 年代拓展到园林和文化景观传承；1980 年代广及城镇村及历史地段的保护；1990 年代加强全国重点文物保护单位的保护规划工作；21 世纪伴随申遗的深入在大遗址保护方面卓有建树。与时俱进，是东南大学建筑遗产保护研究与实践的另一特征，即始终以国家和社会发展需求为鹄，经世致用，不尚空谈。也正是在这种实践中，东南大学认识到遗产保护的终极目的是将遗产及其价值揭示并传承给后代，并形成相对成熟的工作技术路线：以研究为基础，以历史为依据，以文化为灵魂，以工程和管理措施为落脚点。

如果说建筑艺术永远是遗憾的艺术，那么建筑遗产保护工程则更是遗产保护设计师和规划师难以完全按照理想去实现的工程。建筑遗产属于文化遗产的一部分，保护项目的实施除了遵循获得法定地位的法律、法规、准则所确定的原则之外，必然打上所依托的文明的和时代的烙印及固有特征，又必然地呈现出近期利益和后代利益，地方利益、部门利益和上级利益、整体利益等的角逐和博弈的痕迹。岁月流逝，那些禁得起历史和后代不断拷问的案例就会显示出保护工作者努力留下历史记忆和传承的价值的探索，这是我们在选择案例时所持的标准。

世纪之交，面对知识经济时代的新挑战，东南大学建立了城市与建筑遗产保护教育部重点实验室、传统木构建筑营造技艺研究国家文物局重点科研基地，还成立了东亚建筑中心开展国内外的实质性学术交流，承担了大量的国家自然科学基金和科技部、住房和城乡建设部、江苏省的遗产保护的科研项目，协助地方编制了大量指导性的技术规程。任重道远，砥砺前行。

朱光亚　陈薇

目录

III 名城名镇名村与历史街区规划设计

V 遗址保护与展示

IV 全国重点文物保护单位保护规划

I

建筑修缮与修复

这类项目的特点说的简单点就是修修补补，说的麻烦点就是像对伤员做外科手术那样对遗产本体小心翼翼疗伤和手术，但不能伤了筋骨。这里的案例大多是全国重点文物保护单位，根据国家文物局的分类，修缮分为日常维护、修缮（包括局部复原）、抢修加固、迁建和保护设施几类。日常维护要求的设计资质降低一级，迁建近年来原则上不允许，本书将保护设施一类列为第五类，因而这里主要介绍第二类。

文物保护单位修缮最重要的是保存和传承物质载体及其历史信息的真实性，这里的案例有坛庙、城楼、祠庙、古塔、邮驿、陵墓、住宅、官邸，还有工厂，遗产如果是人，他会向我们诉说沧桑巨变的各种故事，但现实则是这些历史信息中的沧桑故事要靠我们去认知和解读，我们的修缮就是尽量把故事保存下来留给后人，但毕竟保存建筑遗产不可能像实验室里保存干尸那样，许多遗产还要继续使用并在使用中向后代传递信息，这就是此类项目的挑战性。

在建筑遗产中复建或重建的问题是最具争议性的问题，贬之者斥之为假古董，褒奖者称之为再现，实际情况远为复杂，要看场所、依据、资料等，2015 版《中国文物古迹保护准则》对此多有阐释，将一切重建之物列入对文物展示的范畴孰可供读者参考。

01 栖霞寺舍利塔修缮

名　　称：栖霞寺舍利塔修缮
地　　点：江苏省南京市
时　　间：1931
项目负责：叶恭绰
项目参加：叶恭绰　卢树森　刘敦桢

　　民国二十年（1931），舍利塔进行修缮，由叶恭绰主持，卢树森、刘敦桢先生设计。修缮工程对塔下部台基进行了清理，依据发掘出的勾片造栏杆残件复原四周栏杆，并对塔顶进行了修复。塔前旧有引接佛二尊，修缮时移到塔东的三圣殿前。

舍利塔塔顶

舍利塔塔身

舍利塔设计人员合影

舍利塔栏杆

02 天坛建筑群及北京古建筑修缮

名　　称：天坛建筑群及北京古建筑修缮
地　　点：北京市
时　　间：1932
项目负责：杨廷宝
项目参加：杨廷宝 等

　　1932年初，杨廷宝先生受聘于当时北平市文物整理委员会，参加和主持了北京9处古建筑的修缮工程。工作中他多方查考文献资料，亲临现场拍照、测绘、研究，并不断向工匠师傅请教和切磋，是中国建筑师直接主持中国古建筑修缮工作的起点。

天坛皇穹宇修缮竣工验收琉璃门前合影（右一为杨廷宝）（来源：江苏省档案馆，拍摄时间：1935年12月）

天坛皇穹宇修缮竣工验收合影（左三为杨廷宝）（来源：江苏省档案馆，拍摄时间：1935年12月）

天坛

　　天坛始建于明永乐十八年（1420），主要建筑有祈年殿、皇穹宇、圜丘坛等，是我国现存精美的古建筑群之一。杨廷宝先生对天坛建筑群及其历史环境进行了系列保护修缮。

圜丘坛

　　修缮开工日期是1932年5月7日。上一次修缮工作是在袁世凯称帝时，由于修理比较潦草，不久就开始破坏，四周矮墙脊兽不全，地坪石缝杂草丛生。此次修缮，翻开地坪，去杂草树根，重做三合土基础，换去残损石块，找出排水坡度，使整个圜丘坛的3403块石面平整密缝。

皇穹宇

　　始建于明嘉靖九年（1530），清乾隆十七年（1752）重修过。这次对建筑外表、屋面等整修翻新，杨廷宝先生特别重视这一建筑珍品的艺术效果，对梁柱、墙面原有装饰彩绘，亲自与工匠师傅们调配色彩，对柱子沥粉贴金，墙面花边纹样，按原样补齐，采用"修旧如旧"的手法，尊重历史艺术成就，使整个建筑色彩协调。皇穹宇前的三阙门和圆形围墙（俗称回音壁），琉璃、砖瓦件件精选，施工磨砖对缝，准确细致。

祈年殿

　　始建于明永乐十八年（1420），清光绪十五年（1889）焚于雷火，以后用了七年时间重修，殿高38米，建于三层台座上，是我国木构建筑的珍贵遗产之一。修缮时，从地面到宝顶搭起脚手架子，先将屋面全部卸下，修整三层外檐。宝顶用铜皮焊成，磨光镏金，套在雷公柱外，修理时工人钻入宝顶，两人仕内操作，把歪斜的雷公柱修正，使宝顶端正地落在由大块琉璃砖拼成的须弥座上。屋面琉璃瓦，在檐口为一个个瓦头、滴水，花纹精细，而到高处顶部，则四五个瓦垅合烧成一块琉璃板，比较粗大；由于人的视觉远近效果不同，建筑各部的材料和施工方法也可随之而变。琉璃瓦件，当时由北京西山赵家窑和东城外的西通河窑厂生产。屋顶防水，按照传统做法在灰背上铺锡板、缝隙中粉嵌灰贝，然后层层盖上底瓦、筒瓦。殿名匾额，修缮中报经当时的市政府同意，只用汉文"祈年殿"三字，略去满文。殿内木料，外周用小木拼绑，用铁环箍紧，柱表披麻捉灰，最后油漆沥粉贴金。台阶、汉白玉栏板、望柱，有破损者进行局部补修或调换。

　　天坛修缮工程中尚有祈年门、东西配殿（木料均系楠木）和宰牲亭等建筑，历时总约两年有余。

天坛祈年殿修缮现场（来源：王建国.杨廷宝建筑论述与作品选集.北京：中国建筑工业出版社，1997:20）

杨廷宝在天坛祈年殿修缮现场（来源：杨士英提供）

祈年殿修缮竣工后全景（来源：南京新华报业熊晓绚提供）

北京城东南角楼

北京城东南角楼在 20 世纪 30 年代修前已是瓦顶破漏、檐部塌落，稍完整者仅四壁砖墙。修缮工作由恒茂木厂承包，该厂曾于清末参与颐和园佛香阁修缮工作。角楼体量高大，当时又无吊车起重，屋架大梁均用杠杆方法将大料一级级往上提升，直至顶部就位。转角小歇山屋顶，造型微妙，构造也较复杂，宝顶火焰设三个朝向，结合角楼特点，均按原状修复。角楼檐口用料、装修、彩画等做法和风格均较粗犷，但视觉效果良好，整体性强。角楼内部原无楼板，只在沿墙靠箭眼位置铺设走道板，以便士兵防御，修缮时也予以换旧补新。

西直门箭楼和西直门城楼

西直门箭楼和西直门城楼，古时为北京西城一组坚固关隘，城池、道路布局，也利于守卫防御。及至 20 世纪 30 年代，箭楼已是檐部塌落、屋顶通天，大部构件残缺不全，遂作为重要古建筑进行修缮。因破坏严重，只能参照其他城门楼作修理复原。完工后的西直门箭楼，仍不失其威武和雄伟之风。至 20 世纪 50 年代和 60 年代，北京西郊建设发展，为拓展道路和修建地铁而先后将西直门箭楼和城楼拆除。

修缮东南角楼用杠杆架（来源：王建国．杨廷宝建筑论述与作品选集．北京：中国建筑工业出版社，1997:21）

东南角楼东面修缮现场（来源：陈法青生前提供）

东南角楼竣工验收后合影（左三为杨廷宝）（来源：陈法青生前提供，拍摄时间：1936 年）

东南角楼修缮后（来源：王建国．杨廷宝建筑论述与作品选集．北京：中国建筑工业出版社，1997:21）

西直门箭楼全景（来源：王建国．杨廷宝建筑论述与作品选集．北京：中国建筑工业出版社，1997:22）

国子监辟雍

北京国子监始建于元朝，明清时有扩建修缮，中心建筑为五开间二层攒尖顶，清乾隆五十年（1785）竣工，周环圆形水池和白石台座栏杆。建筑内部圆柱承重，外檐海棠纹方柱，门窗尺度高大，气势宏伟。建筑西北角大梁年久开裂，修缮时采用"偷梁换柱"办法，用木料将屋角垫起，抽出旧梁换以新梁，然后油漆彩画，最终与其余角梁相同。

紫光阁

紫光阁位于中海西岸，建于清初，院内考马射箭，后作燕宴外藩。此阁历为政府所用，保存完整，故未作大修，其时主要进行局部修缮。新中国成立后国务院领导同志常接见外宾于此阁。

正觉寺金刚宝座塔

正觉寺金刚宝座塔建于明成化九年（1473），该塔的宝座台，内部砖砌，外部毼石，座身五层，每层一排佛龛，石刻剔底凸花，精细生动。但由于年久风化和破裂，故作一些修补和局部换新。宝座台内由石梯通台顶，顶上有白塔五座，正面中间有传统形式的圆尖顶小亭，塔座出现裂缝。尤其上部小亭损坏较多，因此进行落顶修理，并重做琉璃瓦顶。

国子监辟雍正面景观（来源：王建国．杨廷宝建筑论述与作品选集．北京：中国建筑工业出版社，1997:23）

中南海紫光阁南向外景（来源：王建国．杨廷宝建筑论述与作品选集．北京：中国建筑工业出版社，1997:24）

1935年杨廷宝（上）与刘敦桢（下）勘察北平正觉寺金刚宝座塔（杨士英提供）

正觉寺金刚宝座塔全景（来源：王建国．杨廷宝建筑论述与作品选集．北京：中国建筑工业出版社，1997:25）

玉峰塔塔身损坏实况（来源：王建国．杨廷宝建筑论述与作品选集．北京：中国建筑工业出版社，1997:26）

玉泉山玉峰塔

北京玉泉山有玉峰、妙高二塔。修缮为妙高塔（统称玉峰塔）。该塔系砖构造，当时塔身西南角第一层墙面、斗栱、檐部均有裂缝、破残，修缮时挖去破损、酥粉的砖块，选用质优沥青砖，按原样磨砖对缝——填补修复。

碧云寺罗汉堂

碧云寺罗汉堂建于清乾隆十三年（1748），平面为"田"字形，内有四个天井小院，沿墙布置罗汉508尊。当年罗汉堂严重破损，系根据《工部工程做法》和工匠们的经验口诀进行修缮，首先将整个屋面瓦顶落下，换修大木架，内部用芦席把罗汉保护起来，重做瓦顶、琉璃脊兽，以及中部歇山顶十字脊和宝顶"小白塔"。

罗汉堂内景（来源：王建国．杨廷宝建筑论述与作品选集．北京：中国建筑工业出版社，1997:27）

玉峰塔外景（来源：王建国．杨廷宝建筑论述与作品选集．北京：中国建筑工业出版社，1997:26）

罗汉堂外景（来源：王建国．杨廷宝建筑论述与作品选集．北京：中国建筑工业出版社，1997:27）

03 江南园林测稿

名称：愚园 宜园 环秀山庄
地点：江苏省南京市 苏州市 浙江省湖州市
时间：1937 以前
项目负责：童 寯

　　童寯先生于 1937 年以前考察测绘江南诸园，绘有平面图，为后来园林的修复和重建提供了重要蓝本。

愚园
　　愚园在南京市集庆路附近，东临鸣羊街，西北倚花露岗，最早为明徐达后裔徐傅之西园，几经易主，清末由胡恩燮购得建设，故又称"胡家花园"，测稿可见园由北部建筑为主的庭院和南部以愚湖为主的山水格局构成。

宜园
　　宜园在南浔镇东，清末收藏家庞虚斋所构。东南角为家祠，西与张氏园第比邻，南半亭榭曲折，北半荷池开朗，别具一格。测稿清晰地记录了建筑的布局特征。

环秀山庄
　　环秀山庄在苏州市区景德路。地本五代吴越广陵王钱氏（907-978）旧园址，宋时朱长文乐圃也建于此。明清两代先后曾归申时行、蒋楫、毕沅、孙士毅等人。道光末年（1850）成为汪姓宗祠（义庄）公产，名环秀山庄，俗称汪义庄。全园面积约 2000 平方米，以假山著称。山为乾嘉年间叠山名家戈裕良手笔。测稿对于全园及其山石表达充分。

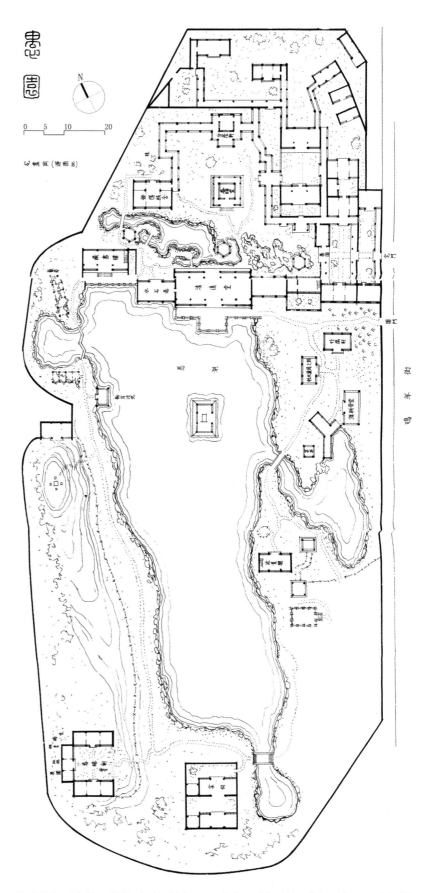

愚园平面图（来源：童寯．江南园林志 1937．北京：中国建筑工业出版社，1996 年再版）

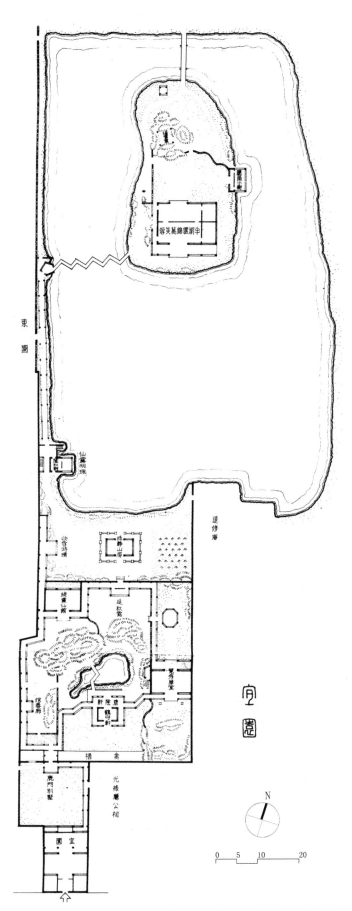

宜园平面图（来源：童寯 . 江南园林志 1937. 北京：中国建筑工业出版社，1996 年再版）

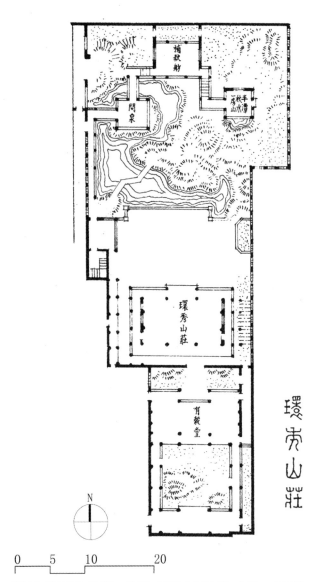

环秀山庄平面图（来源：童寯 . 江南园林志 1937. 北京：中国建筑工业出版社，1996 年再版）

04 瑞光塔修缮

名　　称：瑞光塔修缮
地　　点：江苏省苏州市
时　　间：1980–1990
项目负责：潘谷西
项目参加：潘谷西　朱光亚　薛永骙 等
规　　模：400 平方米
合作单位：苏州市修塔办

瑞光塔在苏州城西南隅盘门之内，高 43 米，为砖塔身、木屋盖、木腰檐的楼阁式塔，是中国砖木混合结构佛塔的重要典范，1956 年公布为江苏省级文保单位，1988 年公布为全国重点文物保护单位。塔系北宋景德元年（1004）至天圣八年（1030）所建，当时佛寺名为瑞光禅院，寺历经毁修，历代对塔多次修缮。清咸丰十年（1860）又遭兵燹，寺毁塔存，至 20 世纪 50 年代塔已千疮百孔，塔刹上部和相轮已不存，为防屋顶渗漏，曾用钢板焊成锅状物覆盖屋顶，而周围一带已辟为菜田。改革开放后苏州决定委托南京工学院（现东南大学）建筑系潘谷西先生领衔承担修缮设计，自调研勘察测绘到修缮结束历时十年有余，是改革初期经济困难但甲乙方密切合作的理想的修缮模式。甲方自组施工队伍高度负责，乙方以遗存研究分析为基础探讨修复方案，整个修缮设计没有设计费，大家都以投入这一工作为无上光荣。修复过程得到我国著名学者刘致平、陈明达等先生的关注和支持。

瑞光塔向东北倾斜近 1 米，塔心柱和外壁不均匀沉降约 20 厘米以上，各层砖叠涩楼板悉被剪断开裂坍塌，内外筒分离，木楼梯无存，塔内外木斗栱在历次火灾中严重损毁。经多方多次调研，最后以数据为依据，扩大塔基大方脚并联通内外筒成满堂基础，遏制了千年的不均匀沉降，更换损毁过梁和斗栱，以钢筋混凝土板、梁等为砖楼板、木腰檐等提供持力层，根据残迹推算出原有木楼梯位置和边梁断面，保留塔心群柱和木屋盖。塔修好后苏州园林局将附近辟为塔院和新的盘门三景景点。1991 年中国古塔修缮研讨会在苏州召开即以此案例为范例。

修缮前的瑞光塔

修缮前的塔身外部

恢复副阶前的瑞光塔

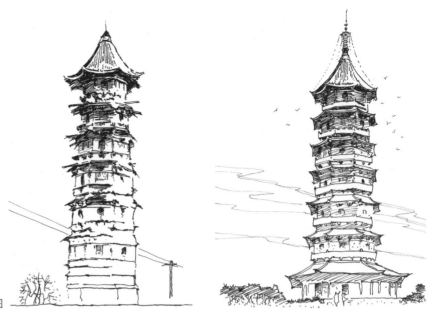

方案图中的瑞光塔修缮前后分析对比图

地基加固阶段的钢筋绑扎

塔刹之托盘

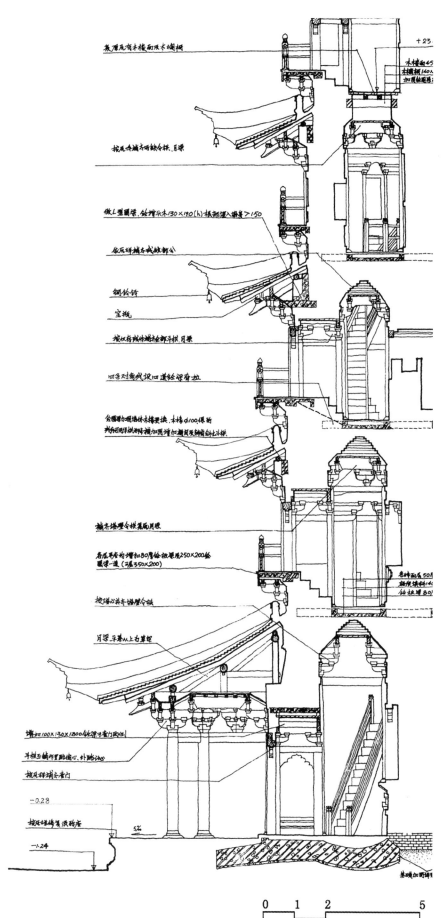

瑞光塔塔身剖面图

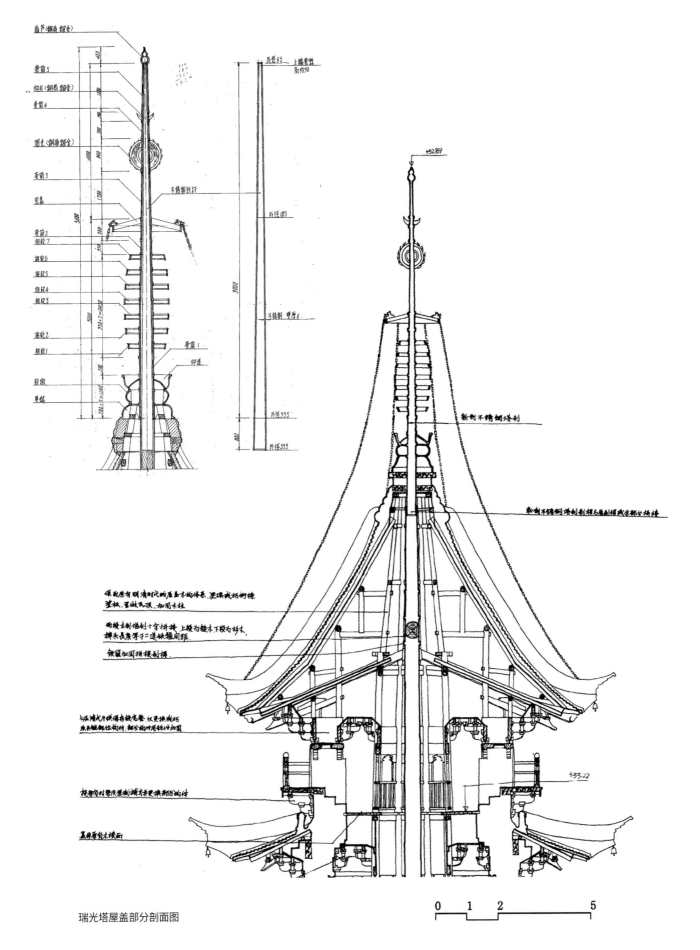

瑞光塔屋盖部分剖面图

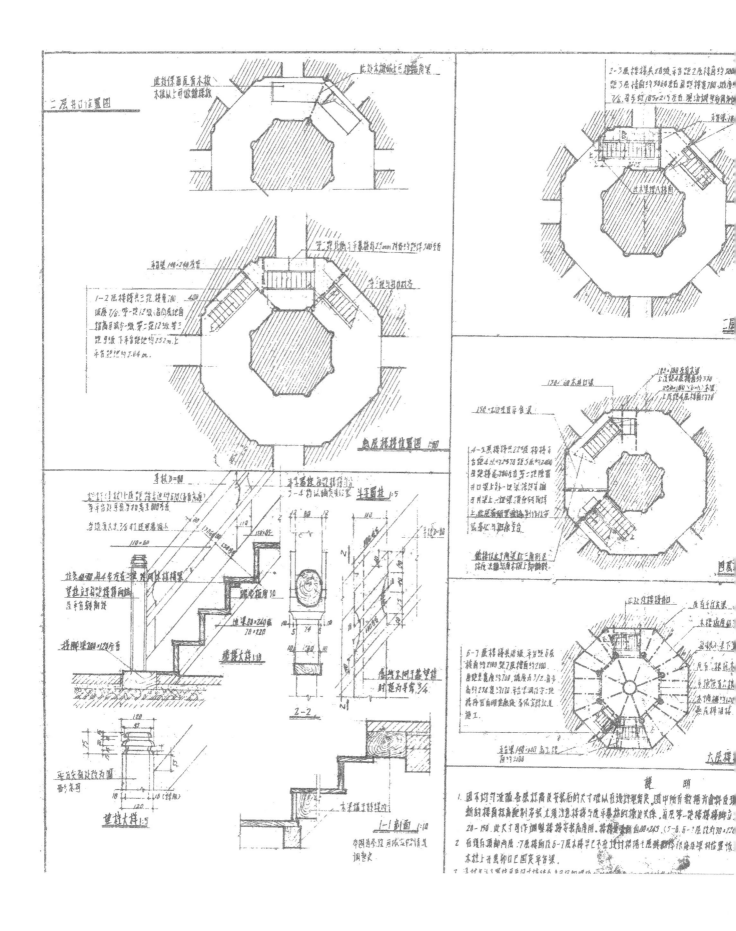

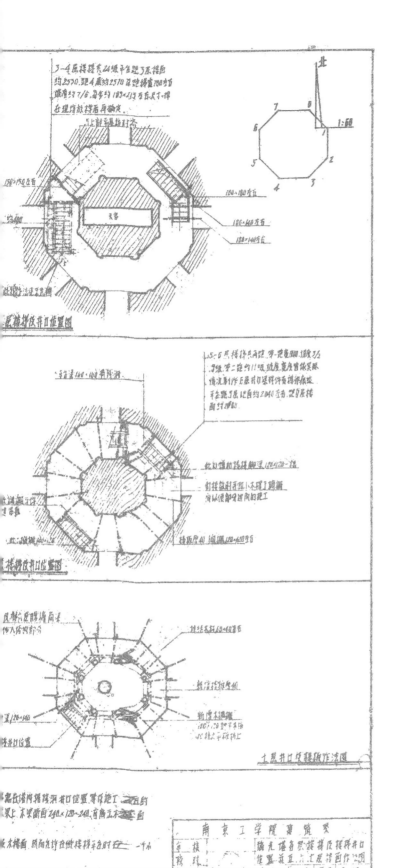

瑞光塔各层楼梯及楼梯井口位置标示图

瑞光塔六、七层的群柱

瓦洞钉

修缮完工后的瑞光塔

05 南唐二陵保护设施及环境整治设计

名　　称：南唐二陵保护设施及环境整治设计
地　　点：江苏省南京市
时　　间：1982–1984
项目负责：潘谷西
项目参加：潘谷西　朱光亚　薛永骙
规　　模：2800 平方米

南唐二陵在南京市祖堂山南麓，包括先主李昇及其皇后的钦陵和中主李璟及其皇后钟氏的顺陵。1950–1951 年由南京博物院组织发掘，1988 年列为全国重点文物保护单位。二陵相距约 100 米，均依山为陵，东为钦陵，西为顺陵，均为多室墓，早年多次遭盗掘，但陵墓建筑完整。钦陵主墓室为石梁石板覆盖，上有天文图残迹，下部石地面存有地理图的河流刻痕，顺陵为砖穹窿结构。二陵出土文物 600 余件。为南唐时代不多的历史实物资料。考古发掘后对墓室做了初步修复，在墓门入口处建木构瓦顶门屋，1960 年代皆已倾圮，墓室也因渗水积满淤泥，1980 年代初委托南京工学院建筑系承担修缮设计任务。设计者勘察分析环境，研究二陵原有布局，初步判断南侧平坦台地处为原有享殿，结合地形推测原有神道应为曲线，设计明确清除淤泥，疏浚排水阴沟，组织墓前地面排水，拆除倾圮的瓦屋，改为覆罩在墓道入口处但不触碰墓道的钢筋混凝土门式建筑。修复金刚墙，修小型陈列室一处，又立碑建碑亭记其事，大门设计为门阙式，划定墓园范围，建围墙，园内外遍种松柏，一改童山秃岭面貌。南唐二陵这次修缮是改革开放初期江苏省建筑遗产修缮的重要实例，为以后南唐二陵的后续修缮工程奠定了基础。

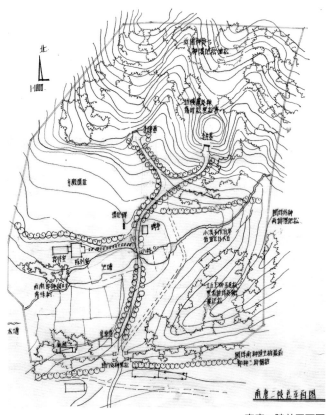

南唐二陵总平面图

南唐二陵入口

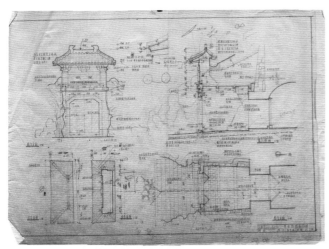

二陵陵门及保护房的设计图

钦陵陵门

钦陵墓门及内景

1980年代时的二陵陵园全景

06 盂城驿修复工程

名　　称：盂城驿修复工程
地　　点：江苏省高邮市
时　　间：1993-1996
项目负责：潘谷西
项目参加：潘谷西　郭华瑜
项目规模：3.4公顷

　　盂城驿按门厅、轿厅、大厅、后厅的序列布置，但在明代晚期已经停用。修复工程在设计时主要抓住后厅这一比较老的建筑部分，采用基本不落架的方式进行精细修缮，尽量保留原有的建筑构件，局部换新，而对前部年代较近的建筑进行一般修复。后在旁边增建鼓楼、马神庙等，恢复原有建筑群形制。

盂城驿总体规划图

盂城驿街道外景

盂城驿

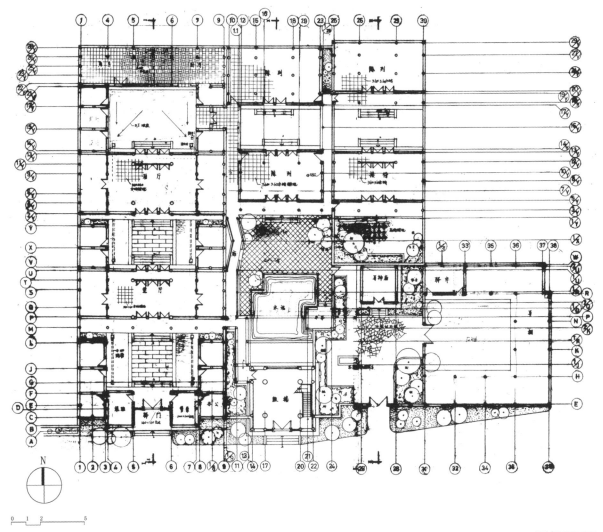

盂城驿平面图

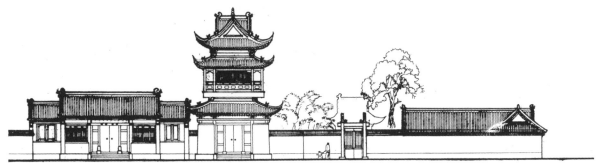

盂城驿南立面图

盂城驿庭院鸟瞰

盂城驿庭院内景

盂城驿庭院内景

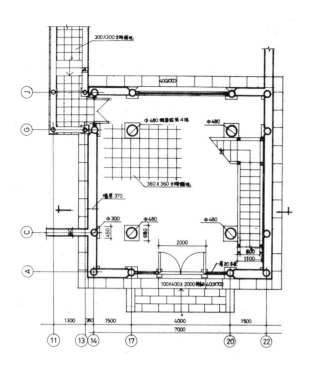

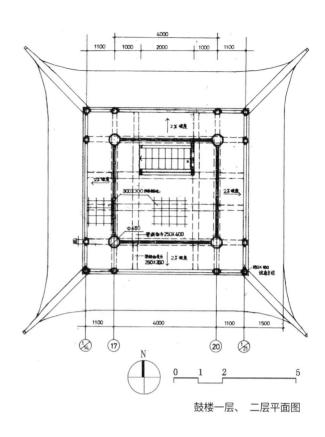

鼓楼一层、二层平面图

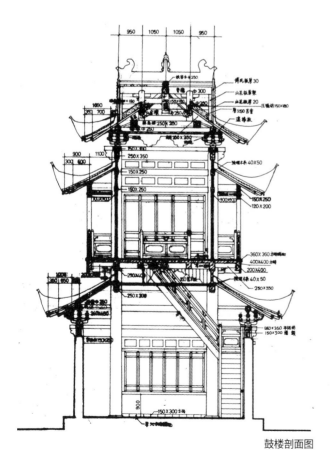

鼓楼剖面图

鼓楼外景

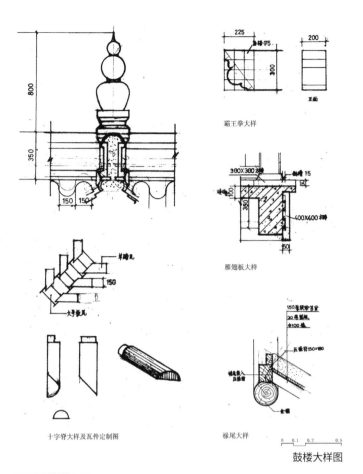

霸王拳大样

雁翅板大样

十字脊大样及瓦件定制图

椽尾大样

鼓楼大样图

鼓楼室内

鼓楼上部

07 东南大学大礼堂修缮改造工程

名　　称：东南大学大礼堂修缮改造工程
地　　点：江苏省南京市
时　　间：1994
项目负责：余传禹
建　　筑：马晓东　刘玮　杨为华
结　　构：吴志彬　施明征
声　　学：柳孝图　傅秀章
规　　模：4320 平方米

东南大学四牌楼校区的大礼堂为原国立中央大学旧址建筑群的一个重要建筑，始建于 1930 年，1965 年扩建东西两翼，1994 年 4 月进行了修缮改造。原大礼堂观众厅因空间形态而产生声音聚焦，造成混响时间长、声学条件差的严重声学问题。同时还存在座席排距小、座椅条件差，以及无空调设施等诸多不能满足现代功能使用的问题。

室内修缮改造立足于改善使用条件，在满足现代功能需求的同时保持原空间形态。主要工作有：一是建声改造，在观众厅内壁增加空腔，加强台口两侧墙面反射功能，以及其余墙面和顶棚吸声功能，同时增加电声设备，以改善观众厅整体声学环境。二是增加耳光室，改善舞台灯光条件。三是观众席改造，在维持原观众席整体格局不变的前提下，重新改造楼地面观众席台阶，增加座席排距，更换座椅。四是增加空调设备，改善观众厅室内舒适度。五是在礼堂东翼底层中间抽柱，以扩大空间，设置春晖堂会议厅。

室外工程以修缮为主，水刷石外墙立面以草酸清洗出新，保持原建筑立面材料原真性。入口台阶原材料不变，平台适度加长，满足现代礼仪活动需求。

修缮后大礼堂观众厅

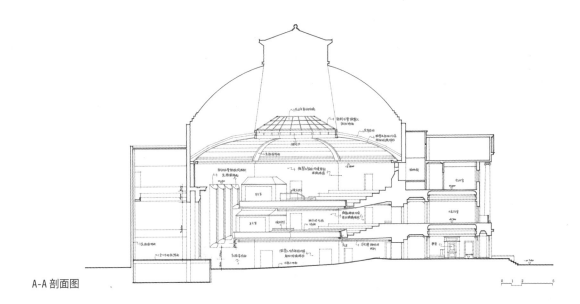

A-A 剖面图

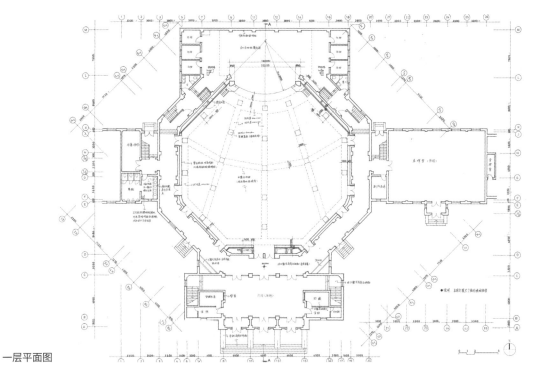

一层平面图

修缮后大礼堂门厅

修缮后大礼堂观众厅

08 甘熙宅第修缮

名　　称：甘熙宅第修缮
地　　点：江苏省南京市
时　　间：2002-2006
项目负责：朱光亚
项目参加：朱光亚　乐　志　陈建刚　顾　凯　淳　庆　白　颖
规　　模：5000 平方米

甘熙宅第又名"甘家大院"、"九十九间半"，位十南京市南捕厅 15、17、19 号和大板巷 42、46 号，甘熙故居始建于清嘉庆年间，为甘熙之父甘福在其南捕厅的旧宅基础上建造，堂号"友恭堂"。后经甘熙等续建，保存至今，极为难得。甘熙宅第 1982 年被列为南京市文保单位，1995 年被公布为江苏省级文保单位，2006 年升为全国重点文物保护单位，并被重新命名为"甘熙宅第"。成为我国目前大中型城市中规模较大、保存较完整的民居巨宅。

2002 年南京市政府在建设部历史名城专项基金的资助支持下，投入 1500 万元搬迁南捕厅住户并开始了大规模的保护与整治工程，东南大学建筑设计研究院承担了一期工程中的南捕厅 15 号、17 号的修缮设计任务，于 2004 年完成，作为南京市民俗博物馆对外开放。二期工程包括 13 号和大板巷 42、46 号。两期修缮设计针对城市道路路面不断升高引起的排水不畅，对部分建筑做了不同程度的整体顶升，保留部分院落行之有效的原有院落排水阴沟系统，尽可能保留院落原有砖和石铺地，以及遗存的部分板门。通过结构核算，校核了屋盖和楼面的木构承载能力，第一次明确提出体系内修缮和体系外修缮两种模式，在保留原构件的条件下按传统修缮方法补强，较好地满足了民俗博物馆对建筑遗产的合理利用的要求。对东部原津逮楼所处的花园部分进行了考古发掘，针对考古成果和现有地块范围以及现存大树的分布，恢复了传统园林的部分山石池水和小品。该工程获得 2006 年江苏省文物局"文物保护优秀工程评比设计奖"。

甘熙宅第总平面图

修缮前备弄

修缮后备弄

修缮前院落

修缮后院落

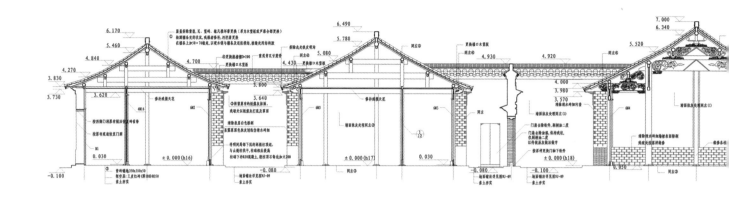

修缮前花窗

修缮后花窗

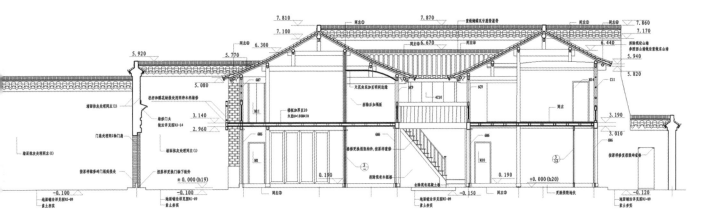

修缮设计中的剖面图

室内透视图

花园

09 浦东吴家祠堂修缮

名　　称：浦东吴家祠堂修缮
地　　点：上海市
时　　间：2003-2006
项目负责：朱光亚
项目参加：朱光亚　俞海洋　孙卫华　许　凡　顾　效
　　　　　石宏超　陈建刚　等
规　　模：3000 平方米

　　20 世纪初上海浦东的传统建筑工匠在经历了租界内外各项现代工程的磨炼之后对水泥、钢筋混凝土、马赛克、水磨石、水刷石与玻璃等现代材料和西式门窗、上下水等现代设施的运用已经娴熟，当他们将这些材料和设施运用到中国本土的传统建筑类型中时，一种特有的工匠式的中西合璧式的建筑应运而生，浦东外高桥保税区中的吴家祠堂即是这样的典型案例。他是吴姓的工匠出身的营造厂商在 1930 年代为自己家建造的祠堂，祠堂既有着门屋、享堂、寝堂等传统房屋，又为了适应上海已经现代化了的宴客、交际、洽谈等功能，另加一道外围围墙，在外围另建新式厨房、储藏、厕所等房屋。内圈房屋则为钢筋混凝土、木构混用，充分发挥了工匠对新旧两种材料的得心应手的运用。吴家祠堂 1949 年后长期用作部队营房，21 世纪外高桥保税区大部分既有建筑拆除而作为上海市级文保单位的吴家祠堂获得保留并纳入新的定位——交流、社交用的会所。本设计的任务既要根治雨水渗漏造成的各类屋面和梁架局部糟朽的问题，又要对中西合璧的门窗、地面等如何既保存物质遗存又能满足 21 世纪的使用要求，设计通过增设中庭，疏浚和调整排水组织，增加新的表层或内衬层解决这种矛盾，又在行将消失的灰塑、瓦屋面的保存和修复上进行推敲，使吴家祠堂以其特有的风貌为外高桥区的公共活动提供了场所。

二门修缮前原状

二门修缮后现状

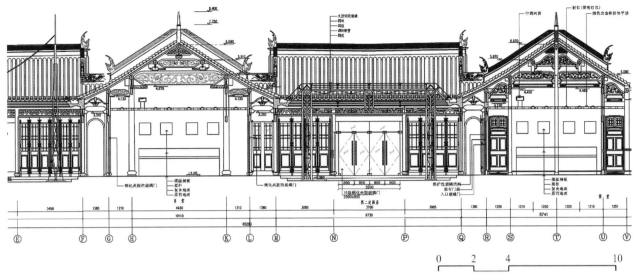

修缮设计图中的剖面图

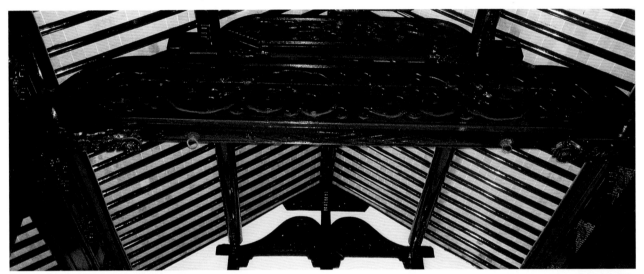

修复后的梁架

吴家祠堂远景

10 茂新面粉厂修缮

名　　称：茂新面粉厂修缮
地　　点：江苏省无锡市
时　　间：2003-2006
项目负责：朱光亚　胡　石
项目参加：胡　石　俞海洋　蔡凯臻　邱洪兴　淳　庆
　　　　　龚德才　吴　雁
顾　　问：朱光亚
规　　模：12400 平方米
合作单位：无锡市建筑设计研究院

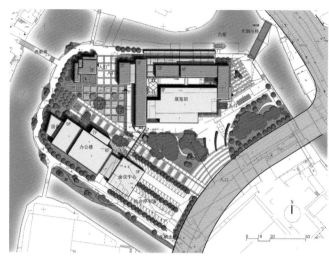

总平面图

　　无锡环城运河带在 20 世纪初由于水运的便利而涌现大量以面粉、纺织为代表的轻工企业，成为中国民族工商业的重要发源地之一。位于运河畔的茂新面粉厂由中国著名民族工商业家荣宗敬、荣德生兄弟创办于 1900 年，并持续使用至 20 世纪末，1998 年被确定为江苏省级文保单位。主体建筑麦仓和制粉车间重建于 20 世纪 40 年代，此次的保护修缮以本体保护为主，通过局部修缮更新，在保有主体建筑传统面貌的基础上，改造为中国民族工商业博物馆。设计通过对原有空间的梳理、拓展和新的组织方式，将原有的生产空间转变为满足传统面粉生产流水线、近代民族工商业相关文物以及原有建筑本体的展陈展示场所。在技术手段上，设计中采用了喷射混凝土置换原有屋面板承受荷载；采用附加钢夹板圈梁，在不破坏原有清水墙体的情况下，提高整体建筑的抗震性能；通过增加钢楼板的方式，保留原有钢木结构地板，同时提供防火分区划分，提高消防性能。

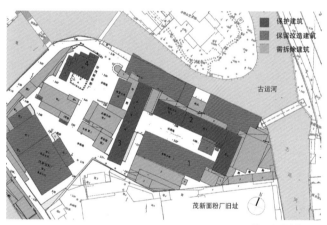

现状及保护模式图

修缮后内院立面及外加钢圈梁

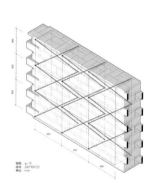

空斗墙植筋加固示意图

茂新面粉厂运河修缮前原貌

茂新面粉厂修缮后运河外景

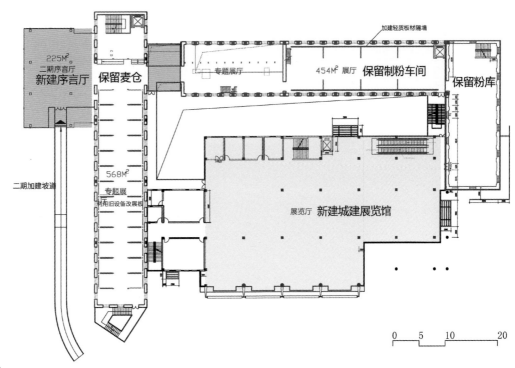

二层平面图

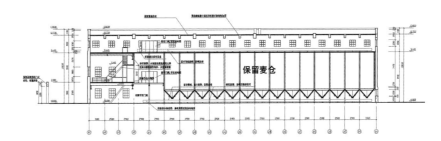

麦仓纵剖面图

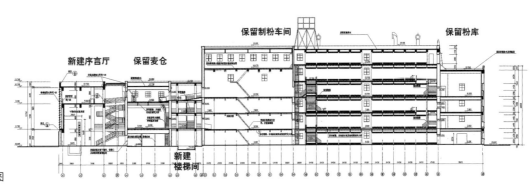

麦仓及制粉车间纵剖面图

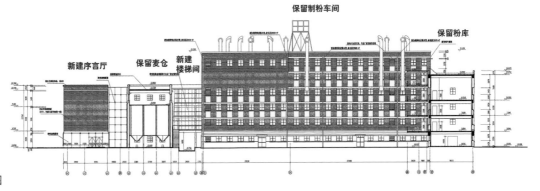

内院北视剖面图

11 武当山玉虚宫山门、碑亭修缮

名　　称：武当山玉虚宫山门、碑亭修缮
地　　点：湖北省十堰市
时　　间：2005-2007
项目负责：朱光亚
项目参加：朱光亚　都　荧　高宜生　顾　效　高　琛
　　　　　丁真浩　贾亭立　纪立芳　淳　庆
规　　模：2000 平方米

　　玉虚宫是武当山最大建筑群之一，建于明永乐年间，历经多次火灾、山洪等灾害，损坏严重，2001 年被定为全国重点文物保护单位。2005 年湖北省政府决定维修玉虚宫。此次修缮设计定位为既通过修缮解决现存的危害遗址的排水不畅等保护问题，又要保持玉虚宫作为遗址的真实载体基本遗存状貌，还要解决环境整治问题。经现场勘察发现此次修缮设计面临的设计类型多样复杂，有保养维护工程、局部复原工程、抢险加固工程等，给设计的研究工作增加了难度，设计者全面考察了玉虚宫原有排水系统，提出了全面疏浚和修复该系统，在碑亭屋顶和八字墙屋顶修复设计过程中，设计者依托东南大学的传统优势，考察和考证武当山现存明代建筑遗存所显示的蛛丝马迹，研究明初建筑营造法，结合隆庆《武当山志》中的资料对照，较好地推测了玉虚宫几处重要遗存的历史面貌，经多次论证最终设计出较满意的成果，方案获得国家文物局批准。施工后的碑亭、山门等建筑既通过恢复屋盖保护了下部免于雨水的侵蚀，又较好地保存了墙体原来的明代遗留的黄灰作法，金水河栏板根据原有构件补齐了缺失和损坏的部分，不仅解决了游客的安全问题，也较好的展示了明代皇家建筑的特有规制。彩画部分做了专项设计方案单独申报并获得国家文物局批准。

玉虚宫修缮后实景

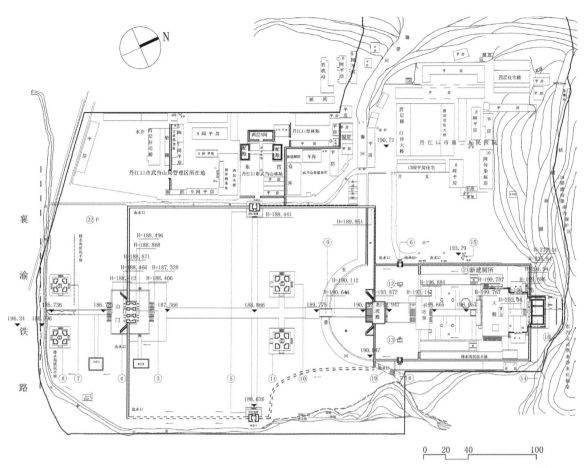

玉虚宫环境整治图

修缮过程中的碑亭

碑亭修缮前的墙体

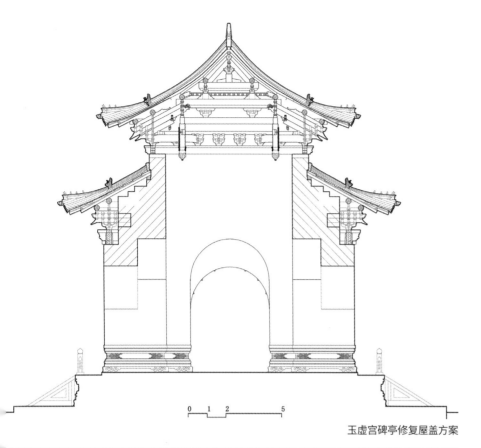

玉虚宫碑亭修复屋盖方案

方案1. 恢复上部明代形制

方案2. 以用钢构架和玻璃钢覆盖墙体

修缮后碑亭

方案3. 探索性揭示屋盖做法并显示残缺美

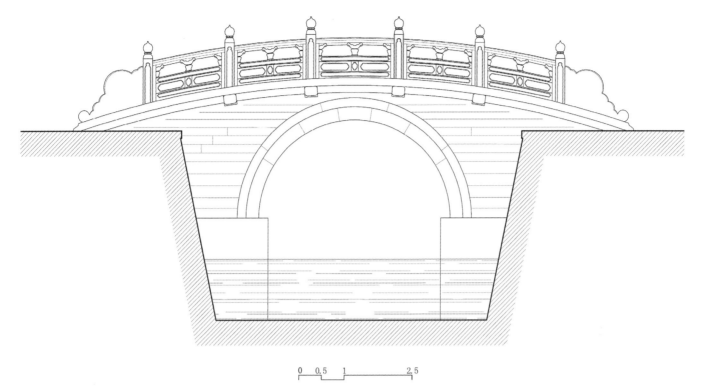

0 0.5 1   2.5

玉虚宫玉带桥修复方案

修缮前勘测山门

玉虚宫玉带桥

12 阿炳故居修缮

名　　称：阿炳故居修缮
地　　点：江苏省无锡市
时　　间：2005-2007
项目负责：朱光亚　胡　石
项目参加：胡　石　乐　志　淳　庆　龚曾谷
规　　模：350 平方米

　　阿炳故居，位于无锡老城区的中心、今图书馆路 30 号。阿炳一生以道馆为家，原有洞虚宫道院内的雷尊殿和火神殿、一和山房，原有房屋 20 余间，但历经拆除变卖，只余雷尊殿院落，院东南角一间约 25 平方米的硬山平房为阿炳晚年和董彩娣的居所，也是他们相继去世的地方。建筑修缮从价值判断出发，认为建筑的朴素和沧桑感反映了阿炳在悲怆的人生中却创作了"二泉映月"平静美好的音乐力量，因此通过体系外的墙体加固方式保证建筑的安全性，同时也完全保留了原有的建筑形态，甚至是表面抹灰的斑驳和破旧形态。建筑修缮的出发点不在于对于建筑的复原，而在于对于遗产承载的价值和情感的保护与传承。

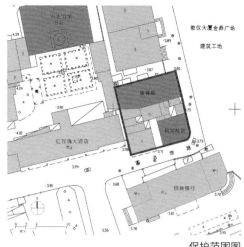

保护范围图

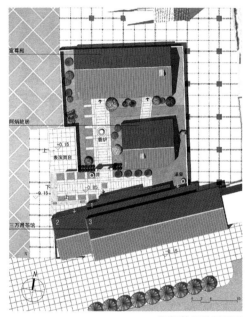

阿炳故居总平面图

阿炳故居一层平面图

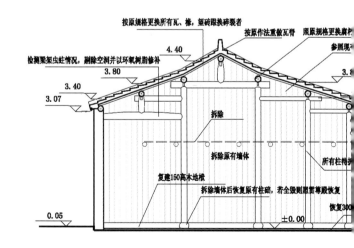

44

墙体加固现场——置入钢筋（左）
墙体加固现场——预留灌浆口（右）

墙体加固现场——灌浆操作（左）
墙体加固现场——灌浆效果检验（右）

阿炳故居修缮后保留旧有墙面粉刷　　　　　　阿炳故居修缮前外观　　　　　加固后外墙

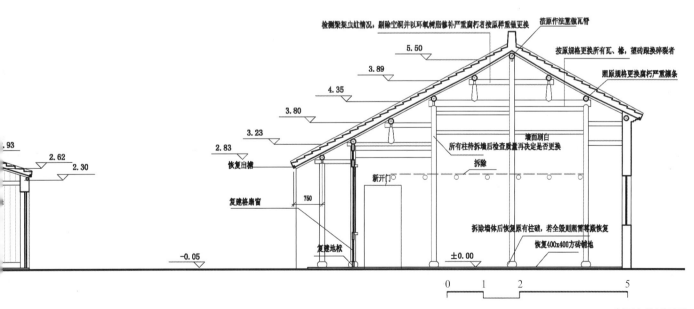

东西向纵剖面图

13 原国民政府外交部旧址（现江苏省人大）修缮

名　　称：原国民政府外交部旧址（现江苏省人大）修缮
地　　点：江苏省南京市
时　　间：2006-2009
项目负责：周　琦
项目参加：周　琦　朱光亚　徐　苗
规　　模：4370 平方米

原国民政府外交部历史照片

　　原国民政府外交部旧址位于南京市鼓楼区，见证了近代中国对外交往事业的发展。大楼最初由近代著名的设计机构，华盖建筑师事务所设计，其"经济、实用又具有中国固有形式"的新民族形式是近现代中国建筑的重要代表案例，在建筑艺术与技术方面均具有重要价值。

　　大楼的外墙、台阶和外门厅等部位保存较好，修缮遵循完整真实的原则，采用"原样保留"的方法予以保护，对锈迹、油污、水迹进行了清洗。室内装饰使用延续建筑语言的元素和符号。一层大厅按照原样复原，室内门窗也按原样式修复，并重新清洗、打磨、油漆。外交部长办公室是原外交部大楼内保存最好的办公室，其门窗、墙裙、窗帘均保持原样，顶棚彩画被白色粉刷覆盖，故对大厅和会议厅内彩画顶棚样式进行修复，家具布置因无资料可考，故选用民国时期家具样式按现代办公使用要求布置。

修缮后的原国民政府外交部（摄影：金海）

修缮后的正面效果（摄影：金海）

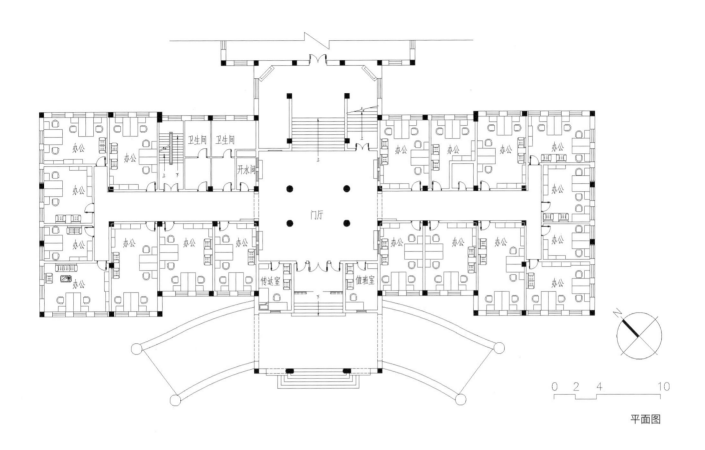

办公 办公 办公 办公 办公 办公 办公 办公

卫生间 卫生间

开水间

门厅

办公 办公 办公 办公 办公 办公 办公 办公

办公 办公 办公 办公

传达室 值班室

N

0 2 4 10

平面图

0 2 4 10

立面图

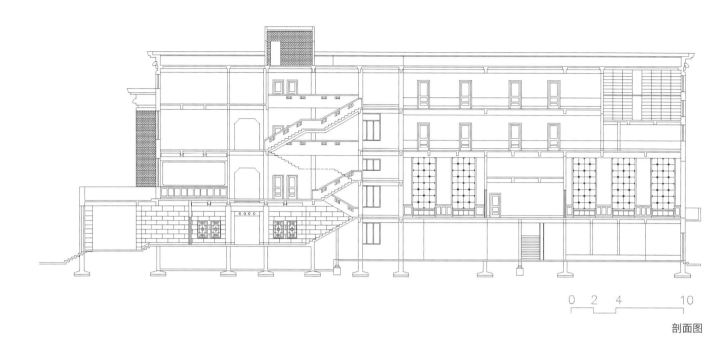

0 2 4 10

剖面图

修缮后的大厅（摄影：金海）

立面细部（摄影：金海）

14 留园曲溪楼修缮

名　　称：留园曲溪楼修缮
地　　点：江苏省苏州市
时　　间：2007-2010
项目负责：朱光亚
项目参加：朱光亚　姚舒然　淳　庆
规　　模：150平方米

世界遗产苏州留园坐落于苏州古城西侧，始建于明代，约有面积2.3公顷。曲溪楼是留园中的一座临水建筑，系清代嘉庆初年所建，时名为"寻真阁"，光绪年间，因其前临曲水改名为"曲溪楼"。1953年整修留园时曾对曲溪楼进行过落架大修，后一直维持至本次修缮前未作更改。接手时曲溪楼发生了倾斜和开裂，屋面渗水，梁架木构多处朽烂。本次修缮引入了现代结构概念对木构架进行了安全分析，并根据苏州园林局对地下水位的多年观测，分析地下水位的频繁涨落是造成基土变形引起墙体下沉的重要因素，提出采用桩基加固地基的方案，同时接受苏州园林局传统工匠的建议，为保护地下水质和植物根系，采用了传统的石矸代替混凝土桩，即在曲溪楼临水墙体两侧下部土层中增设石桩以挤压土体，增加其密实度的同时阻止土体的流动；取得了良好的环境效益，主体结构的修缮为揭顶不落架的大修，打箄拨正歪闪的木构架，局部柱梁更换或者墩接，又采用碳纤维布等新型加固材料增强木构件抗弯强度。针对受潮问题，则采用增设防水层、涂刷防水涂料等方法解决墙体的防潮问题。

曲溪楼修缮加固工程虽然仅涉及百余平方米的规模，但因属世界遗产，备受苏州城市各界以及外界关注，将传统与现代修缮手段结合，采用了体系内和体系外的两种修缮模式，不仅确保了将来曲溪楼的结构安全，也从基础上解除了安全隐患，并最大化地保留了原有构件和建筑样式，为苏州园林建筑的当代的绿色修缮提供了范式。

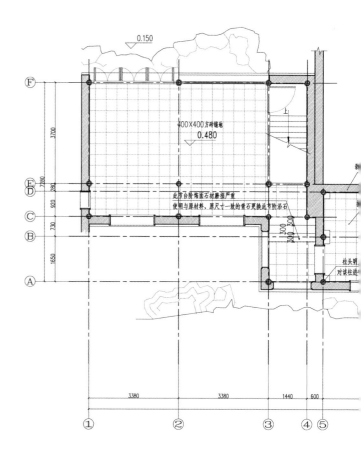

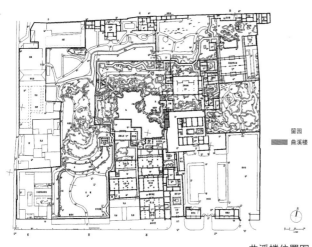

曲溪楼位置图

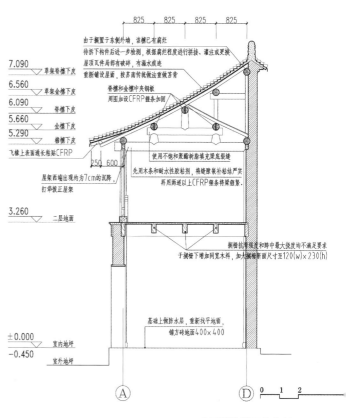

曲溪楼修缮图中的剖面图

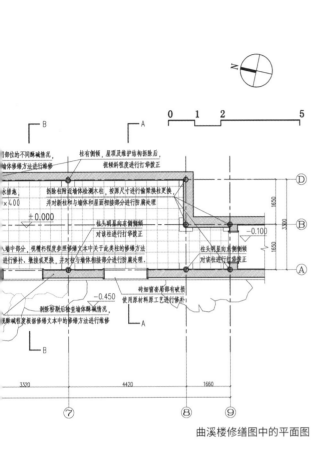

曲溪楼修缮图中的平面图　　　　　　　　　　　曲溪楼远景

曲溪楼修缮中采用石桩加固地基

曲溪楼维修中的不锈钢加固件

15 明秀寺修缮

名　　称：明秀寺修缮
地　　点：山西省太原市
时　　间：2009-2010
项目负责：周小棣
项目参加：周小棣　相　睿　常军富　高　磊　沈　旸
　　　　　马骏华
规　　模：1135.6 平方米

明秀寺位于山西省太原市晋祠镇王郭村的西北隅，始建于汉，明嘉靖年间重建，是太原西山地区晋水南河古村落中明代寺庙建筑群的典型代表之一。

明秀寺现存建筑受到不同程度的损毁，后期村民又随意改建和增建建筑，严重破坏了寺庙的整体建筑形象和空间格局。后期的修缮工程需要严格遵循文物保护工程的相关原则，

在对历史资料进行充分比对和研究的基础上，对文物建筑本体进行科学、严谨和有效的修缮和加固，确保文物建筑本体和空间格局完整体现。本次修缮工程的主要内容是针对不同年代不同建筑本体的损毁状况采取不同的修缮方法，重点是维修和恢复寺庙的中轴线建筑群，包括对过殿、前院厢房、后院观音殿和地藏殿的重点修缮，对山门和钟鼓楼的风貌整治等。首先，结合考古工作，对文物建筑残损现状进行系统勘测、分析和科学研究，确定保护修缮方案。其次，对已有的不符合历史原状的部分改建建筑如前院厢房、后院地藏殿等，制定局部修缮和改造措施。最后，以原有建筑基址为依据，比对现存的太原地区明代寺庙建筑实例，通过对相关文献资料的考证和对当地老辈的探访，制定山门和钟鼓楼整治方案，确保其科学严谨及对历史信息的完整表达。该设计获2017 年度教育部优秀工程勘察设计建筑工程二等奖。

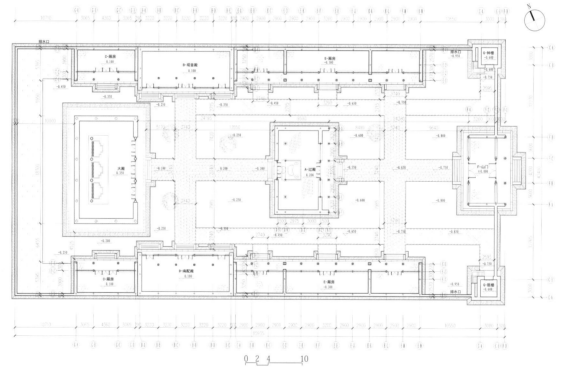

明秀寺一层总平面修缮设计图

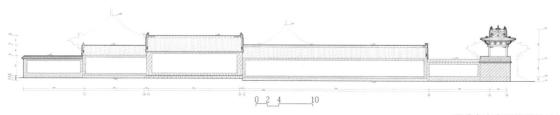

明秀寺南立面修缮设计图

修缮及整治前的明秀寺全景

修缮前的明秀寺过殿

明秀寺北立面图（修缮整治后）

明秀寺山门及钟鼓楼（修缮整治后）

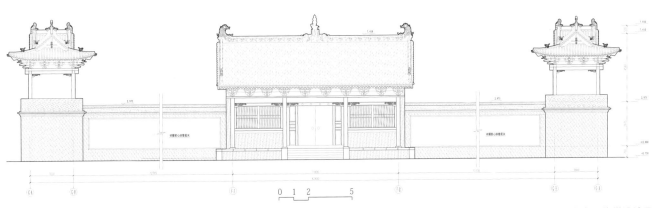

明秀寺东立面修缮设计图

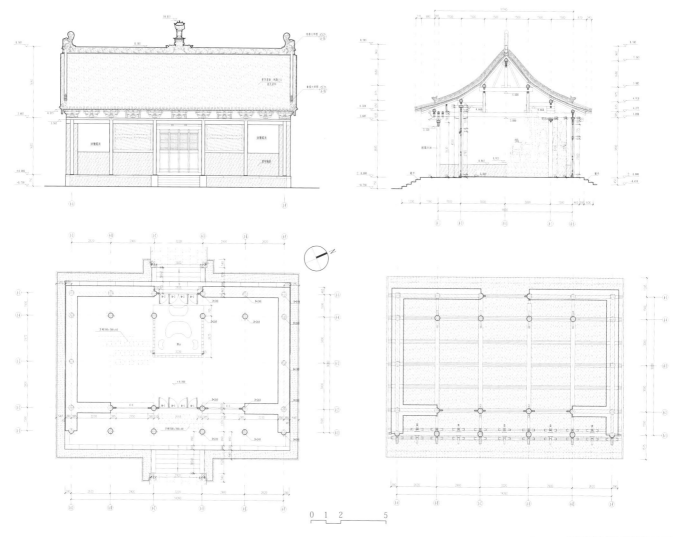

明秀寺过殿修缮设计图

明秀寺前院全景（修缮整治后）

明秀寺过殿（修缮后）

明秀寺过殿梁架（修缮加固后）

钟楼全景（修缮整治后）

明秀寺山门和鼓楼近景（修缮整治后）

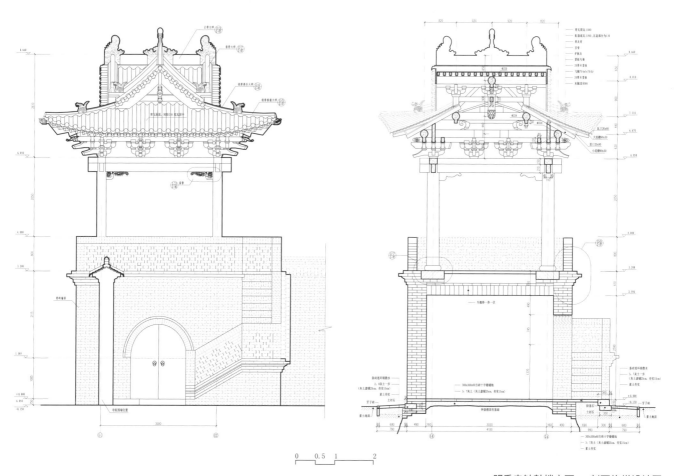

明秀寺钟鼓楼立面、剖面修缮设计图

16 励志社礼堂旧址大礼堂修缮加固工程

名　　称：励志社旧址大礼堂修缮加固工程
地　　点：江苏省南京市
时　　间：2010
项目负责：周　琦
项目参加：周　琦　淳　庆　曾德萍
规　　模：1360 平方米

　　项目位于南京市秦淮区，是蒋介石模仿日本军队中的"偕行社"组织亲手创办的黄埔同学会励志社。其功能为国民政府要员的休闲、娱乐场所，见证了南京众多历史事件。该建筑由建筑师范文照、赵深设计，主体为钢筋混凝土结构，而梁、椽、挑檐则是木结构。高三层，重檐攒尖顶，平面为方形，是国民政府倡导的"中国固有形式"的典型实例，具有极高的建筑艺术与技术价值。

　　该项目对主体巨型框架结构采取外包钢进行加固的方式以增加结构延性。屋顶遵循完整性和真实性的原则，以原样保留为主，对破损的筒瓦、变形严重的木构件进行替换。外立面去除所有附加灯饰，重新整理管线，参考原室内装修更换各立面大门。檐下彩画色彩、纹样原样保留，表面涂料重新喷涂，使其焕发新的生机。

励志社旧址建筑群历史照片

修缮后的励志社旧址大礼堂鸟瞰（摄影：金海）

修缮后的励志社旧址大礼堂（摄影：金海）

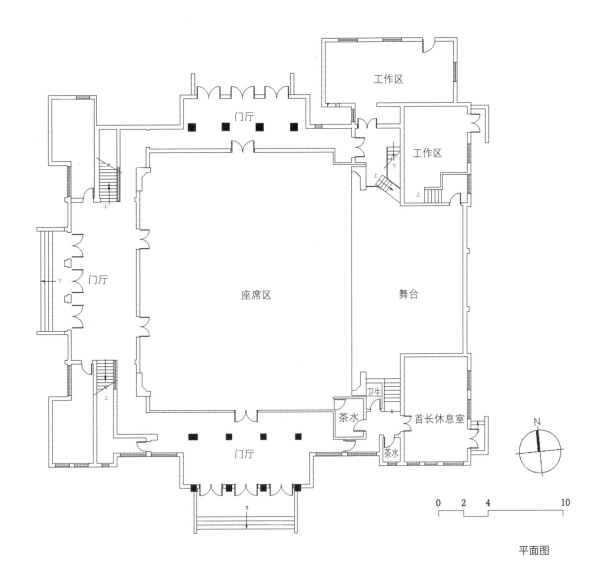

工作区

门厅

工作区

下
上

门厅

下

上

座席区

舞台

卫生

茶水

首长休息室

茶水

N

门厅

上

下

0 2 4 10

平面图

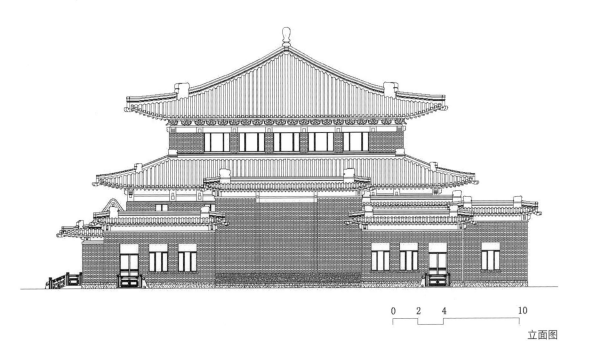

0 2 4 10

立面图

17 原中央博物院（南京博物院）旧址修缮

名　　称：原中央博物院（南京博物院）旧址修缮
地　　点：江苏省南京市
时　　间：2010-2014
项目负责：朱光亚
项目参加：朱光亚　胡　石　李练英　许若菲　纪立芳
规　　模：约 5000 平方米

　　位于南京市中山东路的南京博物院老大殿是第四批江苏省级文保单位，为民国建筑师徐敬直设计的仿辽式建筑，采用钢筋混凝土框架结构（局部采用钢桁架）建造，细部装修采纳辽宋遗存风格，长期用作南京博物院的标志和入口大厅。南京博物院根据发展要求经批准实施二期建设计划，除了建设新馆扩大展陈面积外，结合地形环境的改变和新馆的设置，对老大殿进行保护性维修改造，实施抗震加固和整体抬升 3 米，功能也做一定的调整。我们承担的是老大殿提升后的建筑整治设计，包括处理提升后大殿和前广场、北侧新馆连接体的建筑设计，提出保存原水磨石地面、木门窗的技术措施；完成提升后的原来用作仓库的地下室改为阅览室的整治设计，设置作为贵宾阅览室的御书房的室内设计以及补齐新中国成立前因经费不足未能施工的室内辽式彩画的设计。

博物院大殿正立面

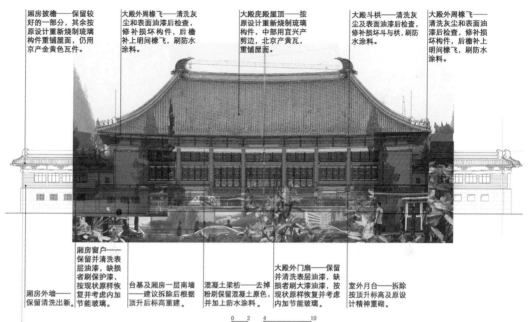

厢房披檐——保留较好的一部分，其余按原设计重新烧制琉璃构件重铺屋面，仍用京产金黄色瓦件。

大殿外周椽飞——清洗灰尘和表面油漆后检查，修补损坏构件，后檐补上明间椽飞，刷防水涂料。

大殿虎殿屋顶——按原设计重新烧制琉璃构件，中部用宜兴产剪边，北京产黄瓦，重铺屋面。

大殿斗拱——清洗灰尘及表面油漆后检查，修补损坏斗与拱，刷防水涂料。

大殿外周椽飞——清洗灰尘和表面油漆后检查，修补损坏构件，后檐补上明间椽飞，刷防水涂料。

厢房窗户——保留并清洗表层油漆，缺损者按现状原样恢复并考虑内加节能玻璃。

厢房外墙——保留清洗出新。

台基及厢房一层南墙——建议拆除后根据顶升后标高重建。

混凝土梁枋——去掉粉刷保留混凝土原色，并加上防水涂料。

大殿外门扇——保留并清洗表层油漆，缺损者刷大漆油漆，按现状原样恢复并考虑内加节能玻璃。

室外月台——拆除按顶升标高及原设计精神重砌。

博物院立面修缮设计采用实景照片和图纸叠合标示各部位措施

0 2 4   10

博物院大殿修缮中将主体顶升了 3 米

顶升 3 米后的地下室改为图书阅览，中心设贵宾用的御书房，此为设计图

59

室内装修恢复原设计的辽代风格立意

博物院大殿檐口保留素色刷饰

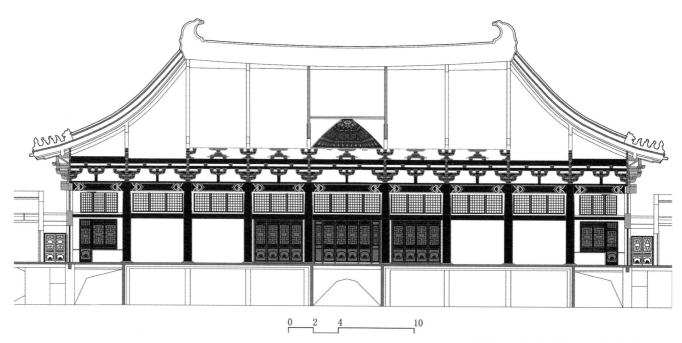

0 2 4 10

博物院大殿室内修缮恢复当初的辽代彩画构思

博物院大殿重新装饰后的辽代风格的藻井彩画

顶升 3 米后的博物院大殿鸟瞰效果图

18 原国民政府主席官邸（美龄宫）修缮

名　　称：原国民政府主席官邸（美龄宫）修缮
地　　点：江苏省南京市
时　　间：2011–2012
项目负责：朱光亚
项目参加：朱光亚　穆保岗　陈建刚　杨红波　纪立芳
　　　　　贺海涛　叶　飞
规　　模：2800 平方米

原国民政府主席官邸建于 1934 年，是当年蒋介石偕夫人在此居住和工作的场所，现为全国重点文物保护单位。因自然、人为原因，建筑存在多种损坏现象，经过国家文物局批准后开始对建筑进行修缮。

此次原国民政府主席官邸修缮设计主要的着力点为：① 新老技术并进。主要体现在钢门窗、室外地面、室内地面等方面，此次在钢门窗的保护方面修补损坏的构件时采用焊接、螺栓连接、粘结等各种方法，最终使得历史信息得到尽可能地保留。地面修缮也是此次修缮中的一大亮点。② 彩画的重新绘制，初建时的彩画几乎不存，修缮前的彩画均为后人几次重新绘制，而且大量用丙烯颜料，此次修缮改用原来的矿物颜料，并贴金箔，修完后使得建筑装饰的传统特色更清晰了。③ 结构加固采用线状加固，在修缮时为了不再给受力构件增加荷载，对梁、楼板加固时采用窄钢板粘接的方式加固，在加固时还去掉后人增加的水箱等。

该工程 2015 年获国家文物局、中国古迹遗址保护协会、中国文物报社颁发的 2014 年度"全国十佳文物保护工程"奖。2015 年在第四届江苏省文物保护优秀工程评比中获优秀设计奖。

官邸建成初期照片

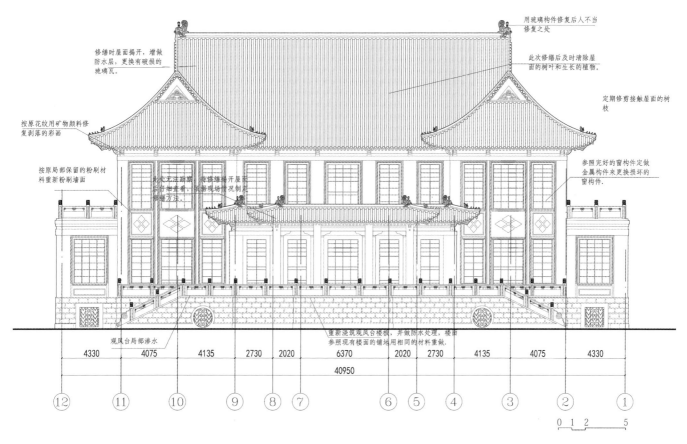

用琉璃构件修复后人不当
修复之处

此次修缮后及时清除屋
面的树叶和生长的植物.

修缮时屋面揭开, 增做
防水层, 更换有破损的
琉璃瓦.

定期修剪接触屋面的树
枝

按原花纹用矿物颜料修
复剥落的彩画

参照完好的窗构件定做
金属构件来更换损坏的
窗构件.

按原局部保留的粉刷材
料重新粉刷墙面

此处无法勘察, 待修缮揭开屋
面后再细查看, 依据现场情况制定
修缮方法.

重新浇筑观风台楼板, 并做防水处理, 楼面
参照现有楼面的铺地用相同的材料重做.

观风台局部渗水

| 4330 | 4075 | 4135 | 2730 | 2020 | 6370 | 2020 | 2730 | 4135 | 4075 | 4330 |

40950

⑫ ⑪ ⑩ ⑨ ⑧ ⑦ ⑥ ⑤ ④ ③ ② ①

0 1 2   5

北立面图

修缮后的原国民政府主席官邸

官邸的歇山顶也治理了渗漏问题

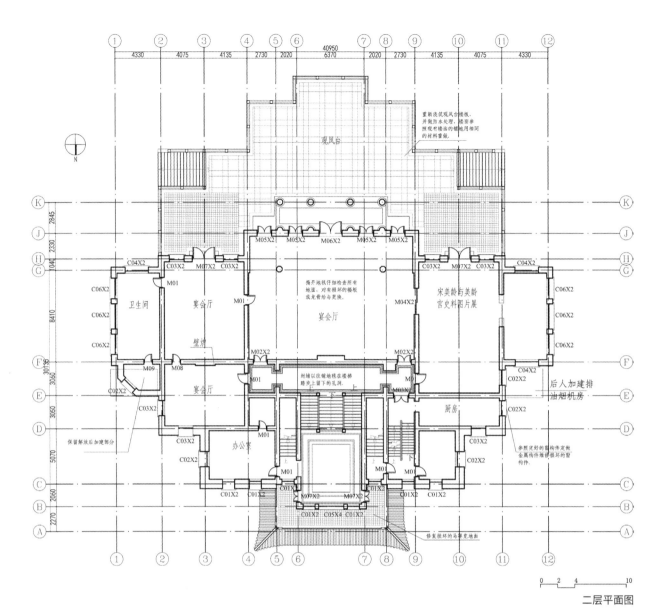

二层平面图

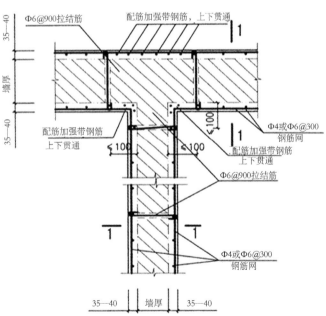

梁架加固图

官邸钢筋混凝土楼板的加固

64

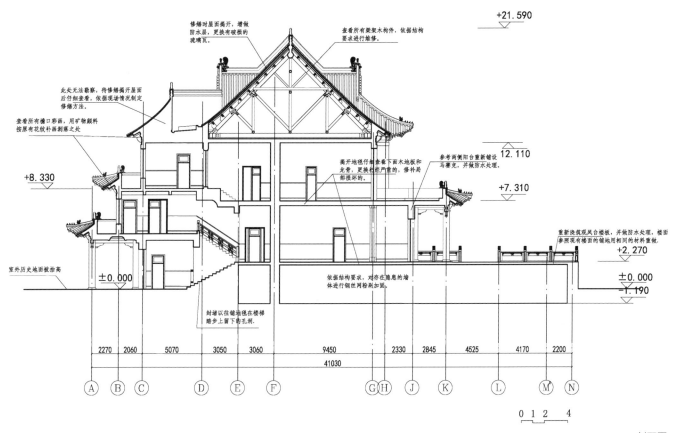

修缮时屋面揭开，增做防水层，更换有破损的琉璃瓦。

查看所有梁架木构件，依据结构要求进行维修。

此处无法勘察，待修缮揭开屋面后仔细查看，依据现场情况制定修缮方法。

查看所有檐口彩画，用矿物颜料按原有花纹补画剥落之处

揭开地毯仔细查看下面木地板和龙骨，更换料腐蚀严重的，修补局部损坏的。

参考两侧阳台重新铺设马赛克，并做防水处理。

重新浇筑观风台楼板，并做防水处理，楼面参照现有楼面的铺地用相同的材料重做。

室外历史地面被抬高

封墙以往铺地毯在楼梯踏步上留下的孔洞。

依据结构要求，对存在隐患的墙体进行钢丝网粉刷加固。

+21.590

12.110

+7.310

+8.330

±0.000

+2.270

±0.000

-1.190

| 2270 | 2060 | 5070 | 3050 | 3060 | 9450 | 2330 | 2845 | 4525 | 4170 | 2200 |

41030

A B C D E F G H J K L M N

0 1 2 4

剖面图

修缮后的门厅和楼梯间

65

19 扬子饭店旧址修缮加固工程

名　　称：扬子饭店旧址修缮加固工程
地　　点：江苏省南京市
时　　间：2013
项目负责：周　琦
项目参加：周　琦　孙　逊　高　钢　陈　亮　胡　楠
规　　模：2336 平方米

扬子饭店历史照片

　　项目位于南京下关，最早由英侨杰西·柏耐登出资设计建造。建筑主体为三层砖木结构，用明代城砖修筑，古朴典雅，其英国中世纪城堡式样颇具异国情调。其设计、建造、经营带来当时西方先进的科学技术和商业模式。扬子饭店曾经接待过很多民国时期的名人（如宋庆龄等），留下不少近代中国历史的烙印。

　　该工程恢复了扬子饭店周边历史风貌、外部造型特征和内部装修风格，使其成为南京重要的历史文化地标。恢复了原先的酒店功能，并收集、整理、展示与扬子饭店相关的文史资料，加入展陈、观光、游览等博物馆功能。同时根据实际需要在旧址旁修建新的配套设施，在保护原址旧貌的基础上，突显其浓厚的民国特点，使之成为集餐饮、住宿、会所与康乐等功能于一体的民国风情酒店。

修缮后的扬子饭店（摄影：苏圣亮）

扬子饭店夜景（摄影：苏圣亮）

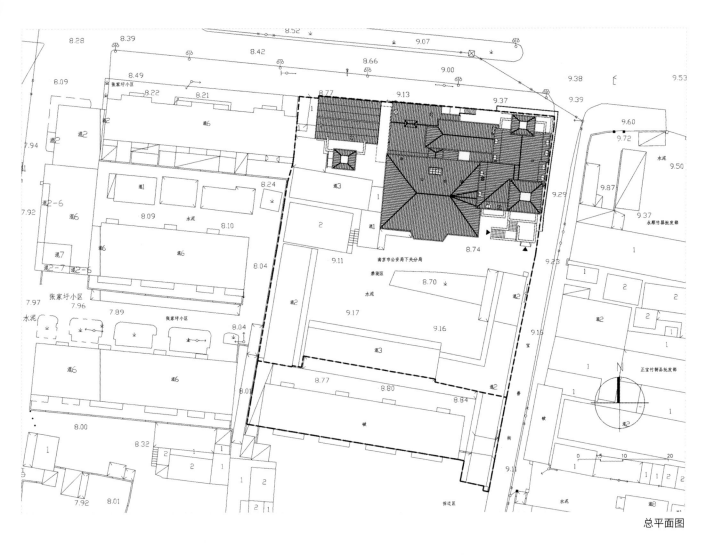

总平面图

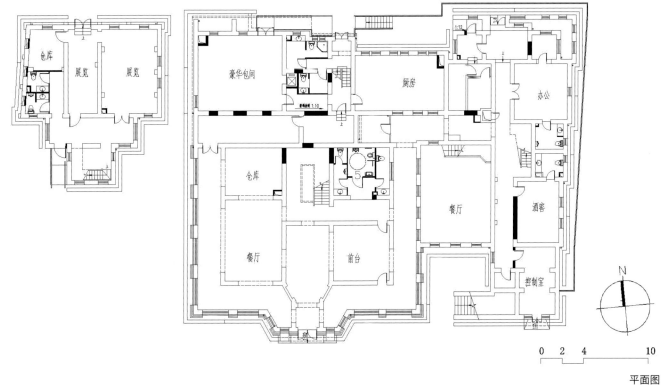

平面图

0 2 4   10

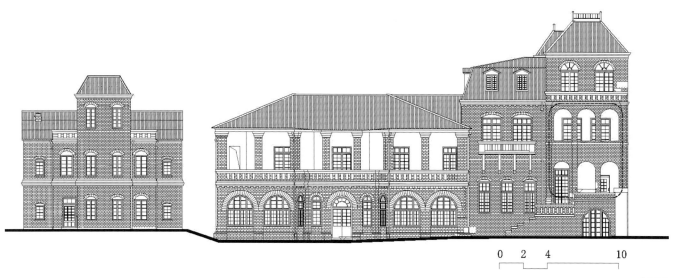

立面图

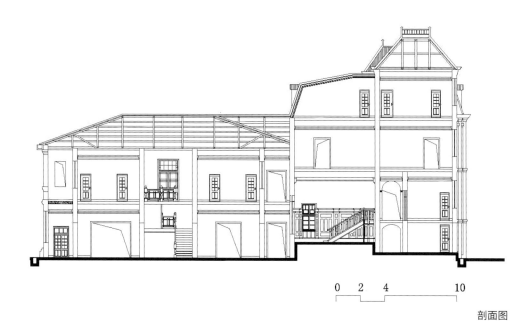

剖面图

辅楼外景（摄影：苏圣亮）

主楼门厅（摄影：苏圣亮）

20 原临时政府参议院旧址 (现江苏省军区司令部) 加固修缮

名　　称：原临时政府参议院旧址（现江苏省军区司令部）
　　　　　加固修缮
地　　点：江苏省南京市
时　　间：2014-2017
项目负责：周　琦
项目参加：周　琦　王真真
规　　模：5610 平方米

　　项目位于南京市鼓楼区，曾先后作为江苏咨议局、中华民国临时政府参议院、江苏省议会、中国国民党中央党部、汪伪政府机构、江苏省军区司令部办公楼使用，见证了中国近代史上众多历史事件。同时它也是中国人（孙之厦）模仿西方式样进行设计的近代早期行政建筑之一。

　　该建筑至今已百余年历史，原结构为未设置圈梁构造柱的砖木结构。为增强其结构整体性，并尽可能减小对原文物的破坏，同时兼顾可逆原则，根据文物保护要求在建筑内侧纵横交接处设置钢构造柱，在楼层位置设置钢圈梁。同时对基础、楼板、屋架等进行详细检测，损坏的构件按原材质、原规格进行加工替换。对外墙、门窗、屋面等进行清洗和局部修补，对其给排水系统、空调系统和强弱电系统进行更新，以满足现代办公功能的需求。

临时政府参议院旧址历史照片

修缮后的临时政府参议院旧址（摄影：金海）

修缮后的临时政府参议院旧址正面效果（摄影：金海）

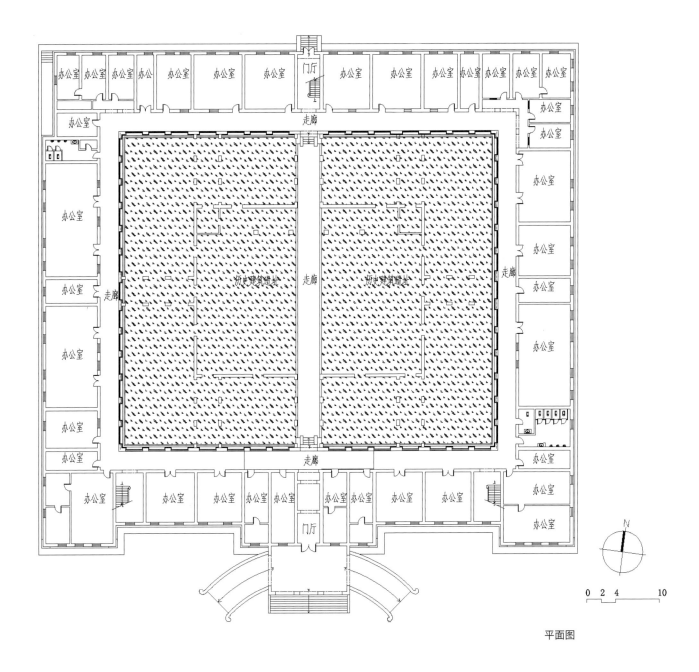

办公室 办公室 办公室 办公 办公室 办公室 办公室 门厅 办公室 办公室 办公室 办公 办公 办公室 办公室
办公室
走廊
办公室
办公室 历史建筑遗址 走廊 历史建筑遗址 办公室
走廊 走廊
办公室
办公室
办公室
办公室
办公室
走廊
办公室 办公室 办公室 办公室 办公 办公 办公 办公室 办公室 办公室
门厅

N

0 2 4 10

平面图

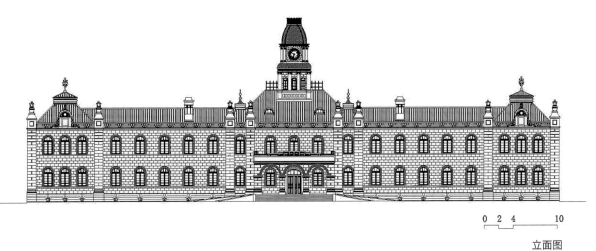

0 2 4 10

立面图

II 园林与风景遗产的修复与扩展

这类遗产项目在世界遗产的分类中被定为文化景观，它是自然与人工共同作用的成果，这类遗产与众不同，其他遗产通过努力就可以保存物质载体的真实性接近不变，但园林和风景遗产中树要长，草要枯，水池会干涸，就是房子也因在这种环境中特别容易改变，话说回来，人到园林中追求的并不是它们的永恒，相反倒是春夏秋冬四季变换的景色和给人带来的各种感受和情调，在中国文化的定位下，悠久历史所积淀形成的意境始终是园林遗产的真实性的价值核心。因此，如何体会园林遗产中应有的意境一如解读普通建筑遗产中的历史信息一样需要深入研究和挖掘。这里介绍的几个不同时代的园林和风景遗产的修复或建设或可为读者提供若干启示。

21 瞻园整修与扩建工程（一期、二期）

名　　称：瞻园整修与扩建工程（一期、二期）
地　　点：江苏省南京市
时　　间：一期（1958–1966）；二期（20 世纪 60 年代和
　　　　　80 年代）
项目负责：刘敦桢
项目参加：张仲一　朱鸣泉　詹永伟　金启英　叶菊华
项目规模：一期 5700 平方米，二期 3000 平方米

　　瞻园整修与扩建工程历时半个世纪，刘敦桢先生主持了一期的整修工作和二期东扩工程的规划设计。整修工作就园址保存状况进行整改，保持原布局特点：以石取胜，山为主、水为辅、建筑点缀其间。除充分利用存留的山水骨架，更灵活运用中国传统造园理论和手法，进行旨在"起废兴坠"的规划设计。在扩建规划中，尽可能减少建筑在园林中所占的面积，最大限度地扩展了游人的户外活动空间，并将各观赏点以走廊或建筑相连。该园作为新中国成立后修建的成功古典园林之一，既是刘敦桢先生多年来对园林研究的具体实践，还是刘敦桢先生留给后世的极其珍贵的艺术品。尤其南假山尺度合宜、形貌自然、层次有致，堪称造园假山的杰作。

刘敦桢先生等于瞻园北假山石屏前留影（左四为刘敦桢，拍摄时间：1965 年 12 月 29 日）

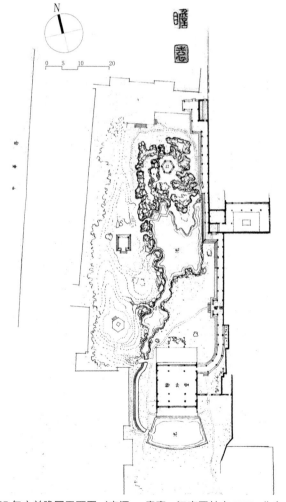

1937 年之前瞻园平面图（来源：童寯．江南园林志 1937．北京：中国建筑工业出版社，1996 年再版）

瞻园整修前静妙堂旧貌（来源：叶菊华．刘敦桢·瞻园．南京：东南大学出版社，2013，"太博"提供）

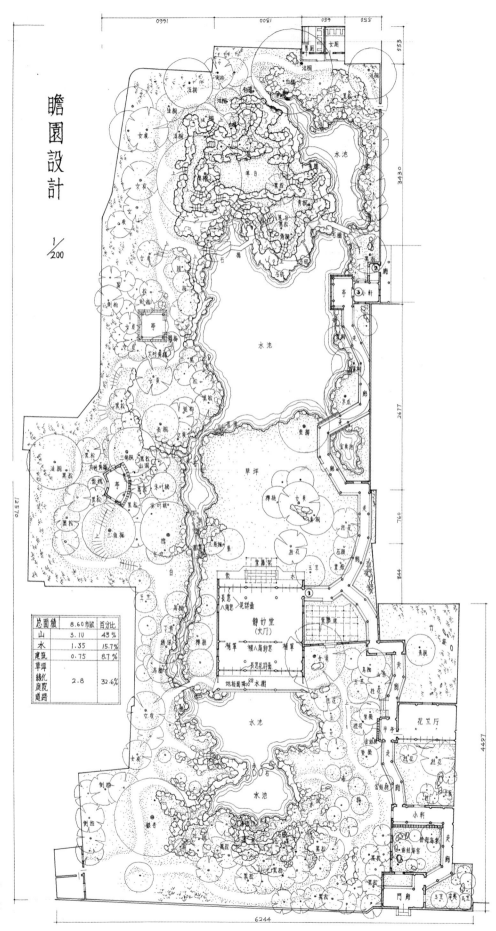

瞻園設計 $\frac{1}{200}$

总面積	8.60市畝	百分比
山	3.10	43%
水	1.35	15.7%
建築	0.75	8.7%
草坪绿化庭院庭路	2.8	32.6%

瞻园一期总平面图（来源：叶菊华.刘敦桢·瞻园.南京：东南大学出版社，2013）

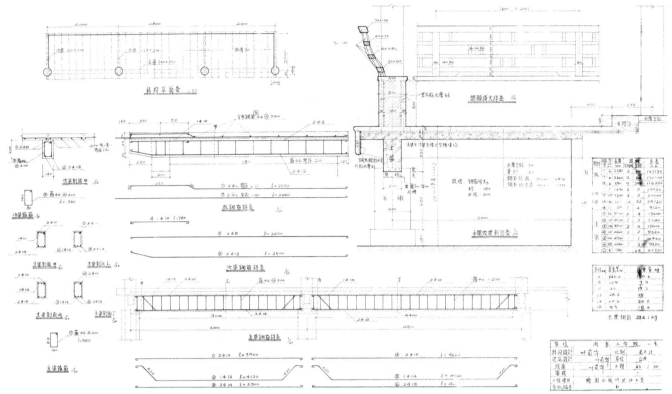

静妙堂南水榭下部结构整修设计图（来源：叶菊华．刘敦桢·瞻园．南京：东南大学出版社，2013）

整修后静妙堂南侧景观（摄影：赖自力）

瞻园南假山（来源：叶菊华．刘敦桢·瞻园．南京：东南大学出版社，2013，"太博"提供）

整修后静妙堂北侧景观（摄影：赖自力）

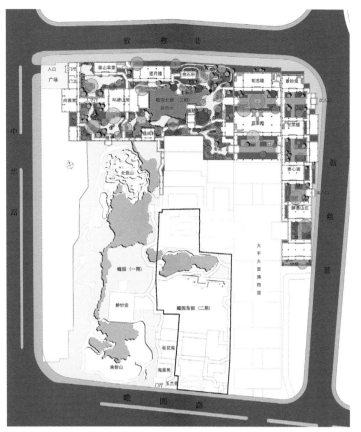

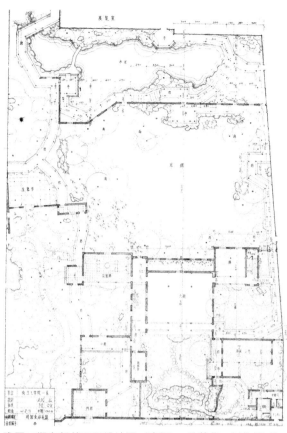

瞻园整修与扩建分期示意图 （来源： 叶菊华．刘敦桢·瞻园．南京： 东南大学出版社，2013）

瞻园二期东部总平面设计图 （来源： 叶菊华．刘敦桢·瞻园．南京： 东南大学出版社，2013）

瞻园二期中区草坪 （来源： 叶菊华．刘敦桢·瞻园．南京： 东南大学出版社，2013）

瞻园二期北区水院亭廊 （来源： 叶菊华．刘敦桢·瞻园．南京： 东南大学出版社，2013）

22 纽约大都会博物馆中国庭院设计

名　　称：纽约大都会博物馆中国庭院设计
地　　点：美国纽约
时　　间：1978
项目负责：潘谷西
项目参加：潘谷西　杜顺宝　乐卫忠　叶菊华　刘叙杰
规　　模：占地面积 460 平方米

中国 20 世纪 80 年代改革开放后，因纽约大都会博物馆拟建中国苏式室内园林而专门设计，方案以网师园殿春簃为蓝本，结合大都会所给场地面积创作，绘有平、立、剖面图及方案透视图，精心推敲，尺度宜人。

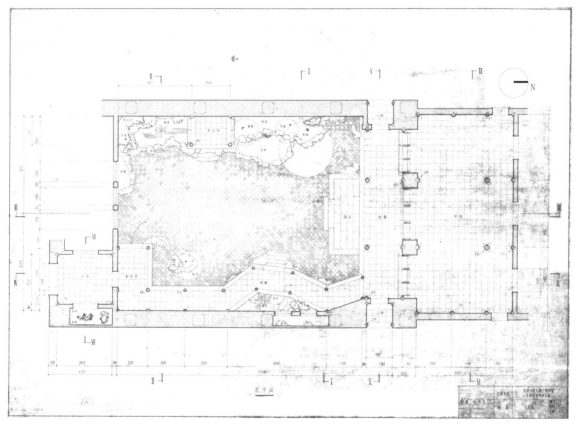

总平面图

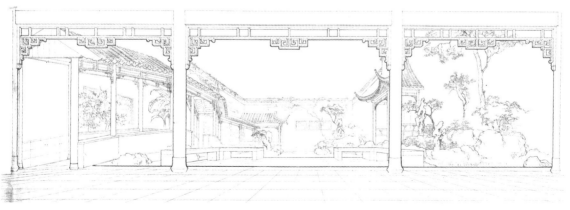

主厅室内透视图

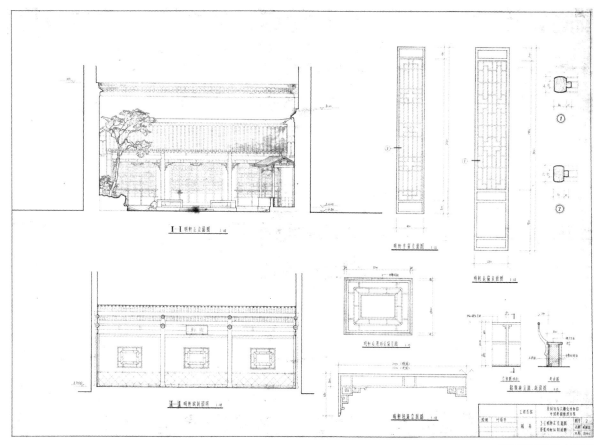

主厅剖立面及大样图

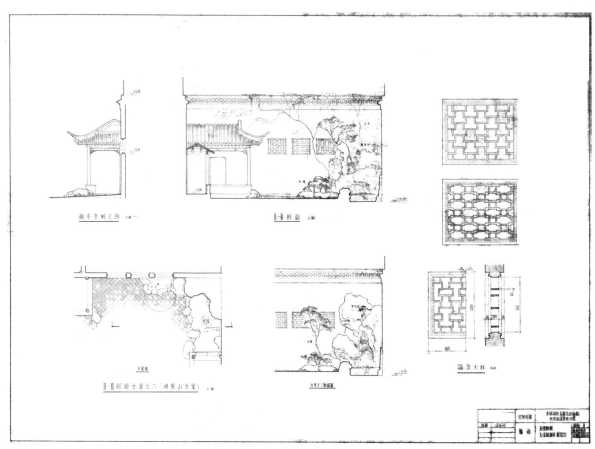

院落南侧剖立面图、 峭壁山平立面图及漏窗大样图

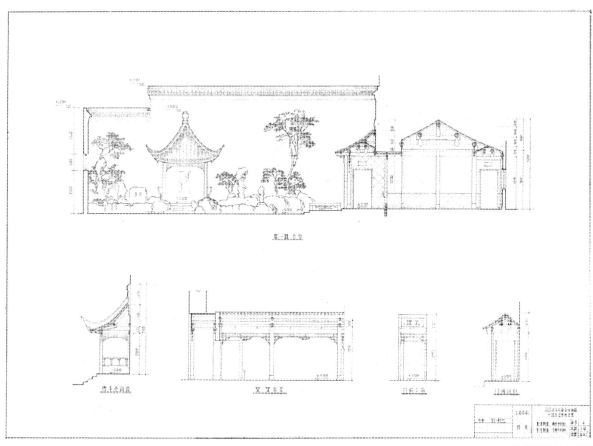

院落西侧剖立面图

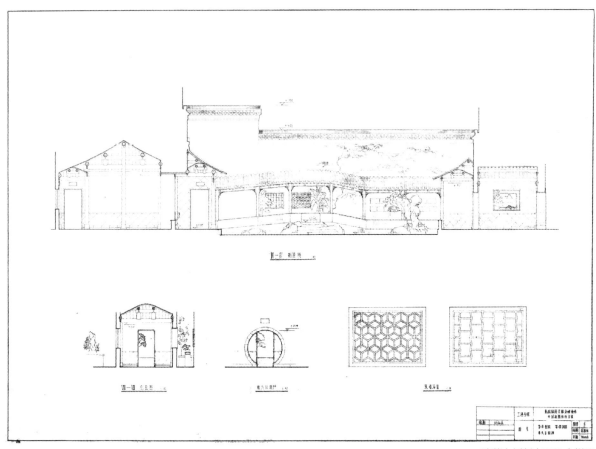

院落东侧剖立面及大样图

23 采石矶风景区规划和设计

名　　称：采石矶风景区规划和设计
地　　点：安徽省马鞍山市
时　　间：1980-2006
项目负责：潘谷西　朱光亚　陈薇
规划参加：潘谷西　朱光亚　陈薇　张十庆　董卫
　　　　　周小棣
建筑参加：朱光亚　陈薇　董卫　单踊　应兆金
　　　　　丁宏伟　胡石　冯炜　刘捷　李国华
　　　　　顾效　陈建刚　俞海洋　淳庆　等
规　　模：规划面积200公顷

　　大山临江曰矶，采石矶是以翠螺山为峰的一处北临长江的石矶，古属当涂县，今属安徽省马鞍山市，因有五彩斑斓之石出现故名。石矶传为李白投江捉月之处，山腰有李白衣冠冢，自唐代迄今历代文人墨客来此凭吊诗仙，留下无数楹联诗作及不少古迹名胜，儒道佛庙宇也曾聚集于此。采石又是扼守长江天堑、拱卫南京的重要战略要地，古今兵家必争之处。清末长江水师驻守此处并对太白楼进行了一次重要的大修，又建水师几任提督的祠堂于太白楼侧，此后屡经兵燹变故，多半倾圮。采石矶今为国家风景名胜区。20世纪80

年代初，东南大学潘谷西教授团队应邀承担该区的规划和设计，规划最重要的贡献是调整游览路线，为游人开辟清幽自然又连接几个重要景点的新游线，划分景区，明确各区不同功能，确定未来发展项目。20世纪90年代中期复进行规划调整，重点在评估价值和新景区拓展方面。

　　设计部分内容众多，较为重要的有：对残留的彭公祠和李公祠进行考证、修复并用作李白纪念馆；新建古典风格大门、新建三元洞景点建筑、在万竹坞旁建林散之纪念馆、在林散之馆另侧建延园作为书画馆；在翠螺山顶重建三台阁、重建翠螺轩建筑等。这些建筑都十分注意和环境的有机结合，并根据使用目标选择不同的材料，几处亭榭多为木构，用瓦顶或草顶，林散之纪念馆隐喻书法家的草堂情怀，用茅草顶十分质朴，三元洞和三台阁则为钢筋混凝土结构仿木，或从崖壁或从水中挑出和升起，解决防火和防水等问题；延园则用了新的钢结构，适于现代布展，也体现现代书法环境的当代性。

　　2003年对太白楼及李白祠作了一次新的大修，针对结构构件强度不足、黄琉璃瓦顶形制不符等问题，做了碳素纤维布的加固，又考证原有制度重绘木雕彩画，修缮后太白楼纳入第七批全国重点文物保护单位名单。

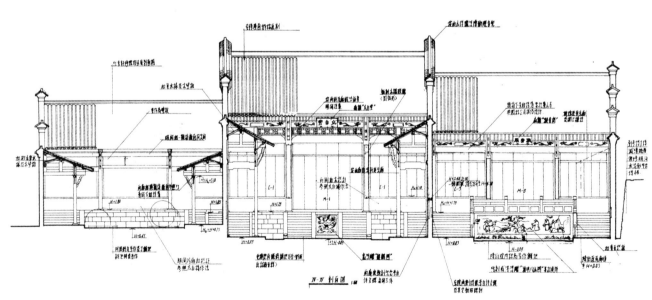

采石矶　李白纪念馆（原彭公祠）修缮设计图

采石矶遥感图

长江

采石山头塔

采石矶风景区入口

伯牙台

采石风景区

三台阁

翠螺山

林散之艺术馆

万竹坞

圆梦园

唐李公青莲祠

三元洞　广济寺

李白纪念馆第一进院落内景

李白纪念馆（原彭公祠）修复上部后的大门牌坊

李鸿章修建的李白祠内景

太白楼大门

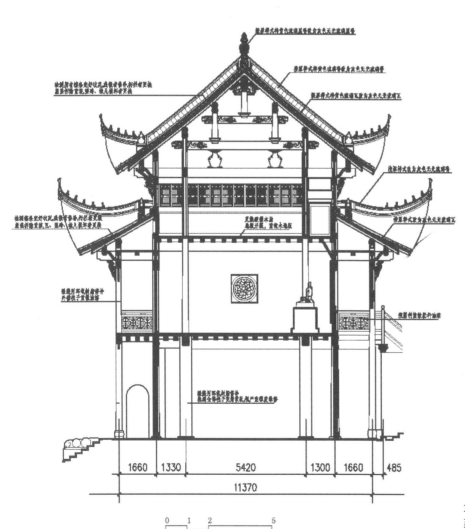

太白楼三路
建筑中轴线剖面图

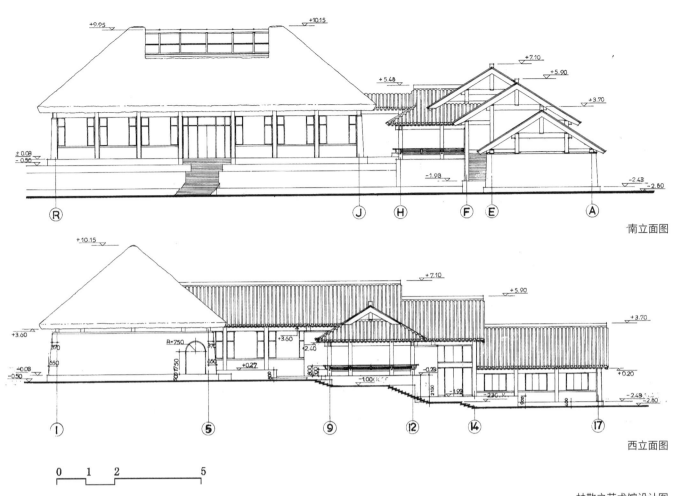

南立面图

西立面图

林散之艺术馆设计图

建成后的林散之艺术馆

三台阁主体

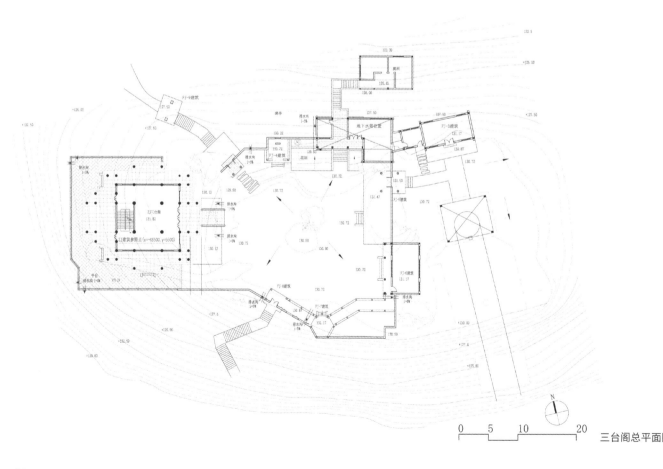

三台阁总平面图

从李白纪念馆前望三台阁

结合地形的三台阁附属建筑

院落中保留的原三台阁基址

24 沈园修缮、环境整治与景观设计

名　　称：沈园修缮、环境整治与景观设计
地　　点：浙江省绍兴市
时　　间：1980-2011
项目负责：潘谷西　沈国尧　朱光亚
项目参加：潘谷西　沈国尧　朱光亚　黄　滋　周思源
　　　　　王　云　毛轻舟　张玉瑜　李永康　都　荧
　　　　　唐　芃　白　颖　周小棣　李新建　等
规　　模：约 20 公顷；建筑面积 1000 余平方米
合作单位：浙江省考古研究所

　　沈园因宋诗人陆游而闻名，清代绍兴城南存有沈园并有沈园图遗世，20 世纪 80 年代初沈园范围仅 5 亩有余，为浙江省级文保单位，含葫芦池 1，双眼井 1，土山 1，民国时建双桂堂院落 1，邻洋河弄有园门 1，有杂花生树多株，井西为 7 亩菜地，地南部在沈园图标明为义冢。时国家旅游局资助地方恢复沈园并征购菜地，但如何修复多各执一词，东南大学潘谷西先生生力主通过考古发掘搞清现菜地与沈园图关系，获得认可。考古获晋代水井 1 处，宋代至清代不断缩小的水池池岸及小溪 1 处，圆形水池 1 处，并挖得太湖石几块，各代瓦当若干，唐宋时期砖块若干，并挖

得宋代垂兽 1 个。此后又对菜地以北、以南做了探查，皆因地下已被后代建筑基础扰动而所获不大，在南侧获得宋代水井 2 口。考古结果显示，清沈园图中的万字水渠已被毁坏，沈园图北部的主景点未能发现，沈园图有可能有部分仅属规划，考古证明宋代此处已有园林存在。设计者提出通过建造园林环境和建筑保护考古发现遗址的方案获得同意，遂恢复似为流觞曲水的小溪和宋代的较大水池。建孤鹤轩、井亭等保护遗址，用石桩标示遗址区，栽种陆游诗中提到的树木特别是陆游喜爱的成片的腊梅林。在遗址区外以衬托和补白的方式营建八咏楼、闲云亭等，多种树，少盖屋，应对学术界关于钗头凤的争论和普通游客及文学人士对该诗的追慕，设计中既尊重学术上公认的历史，又不反对人类共同的感情，三易方案，两移位置，完成多数人认可的钗头凤残碑。三期工程与一期、二期以保护遗址为主，是根据浙江考古所王士伦所长关于将沈园周围辟为文化环境的建议而为，保留东侧的尼姑庵，迁出南侧纺织厂，将三期工程建成陆游纪念馆和情侣园。既优化了沈园原先被各种建筑禁锢的环境气氛，也为分流游客提供了可能。四期则是在拆除原公安局过高的办公楼后改成，是一处既解决停车、交通等问题也延续沈园古典氛围的新办公建筑。

沈园开始修缮时的鸟瞰图

沈园挖出的明代水池

沈园总平面图

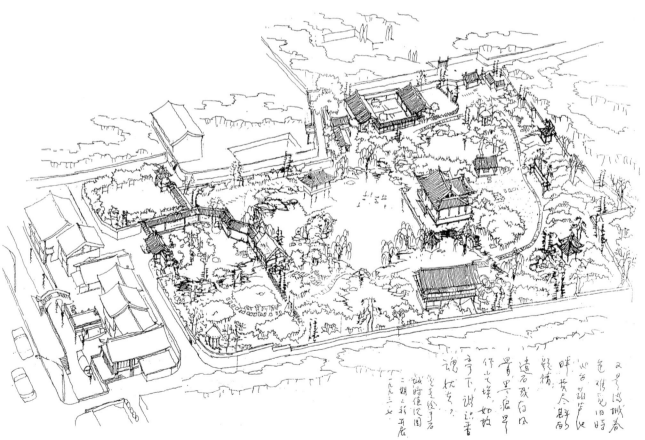

沈园鸟瞰图

沈园北入口引导区设计图

葫芦池和宋井的井亭

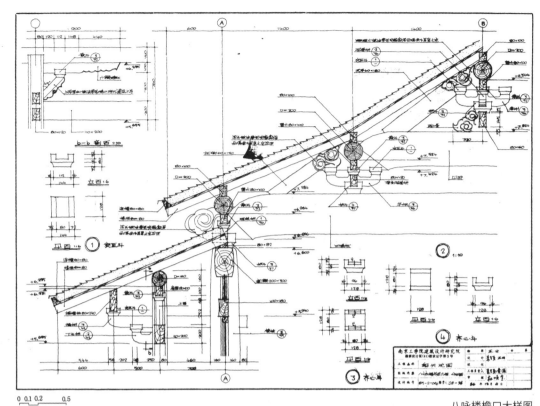

八咏楼檐口大样图

如故亭

25 云台山（花果山）风景区规划与建筑设计

名　　称：云台山（花果山）风景区规划
　　　　　与建筑设计
地　　点：江苏省连云港市
时　　间：1981–1994
项目负责：潘谷西
项目参加：潘谷西　张爱华　何建中
　　　　　吴家骅　郭华瑜　王海华
　　　　　赵　辰
规　　模：近 20000 公顷

　　云台山风景区位于连云港市东郊，是江苏省唯一滨海风景名胜区，山海相连，古迹众多。1986 年在大量实地勘察工作的基础上，编制了"风景质量评价报告"及"规划大纲"，经省政府组织专家评审通过后，又于 1990 年完成了总体规划。

　　建筑设计主要有三元宫群体建筑、屏竹禅院等。三元宫原为明代敕建佛寺，后作为道观，抗战期间毁坏，仅存断墙残壁及山门砖墙，1981 年对其进行规划建设，主要建筑群依山而建，位于不同标高的坡地台地。自头山门起，由蹬道联结若干台地组成大小院落多处。大殿为重檐歇山顶建筑，按明代官式建筑设计。设计中周密考虑了对古银杏树的保护，至今每年果实累累。屏竹禅院规模较小，但利用山势、地形做成别致的茶室和庭院空间，门口种植一丛竹林，十分幽静雅致，是结合当地传统民居做法及和自然环境相结合的经典案例。

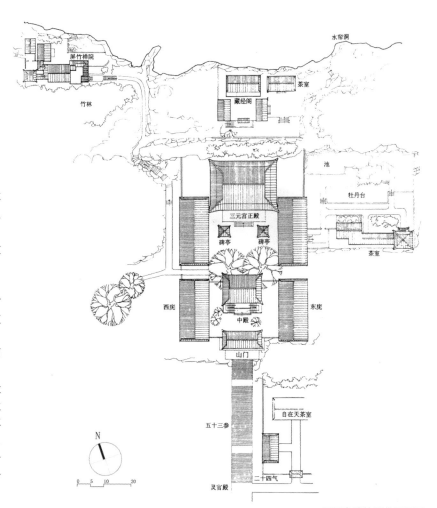

三元宫建筑群总平面图

云台山山势

三元宫入口

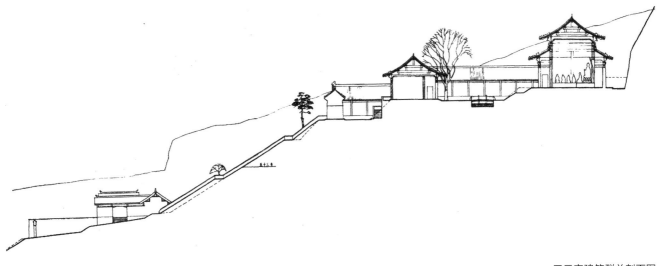

三元宫建筑群总剖面图

三元宫轴线全景

三元宫院落

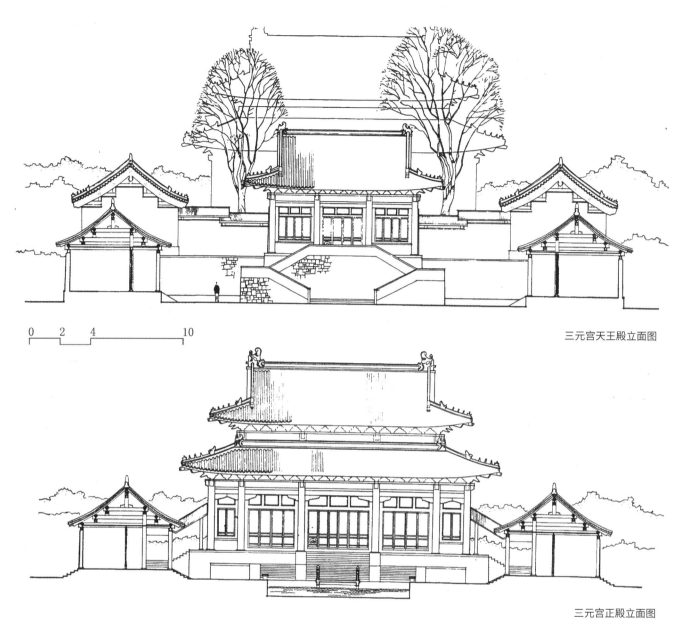

0 2 4 10

三元宫天王殿立面图

三元宫正殿立面图

三元宫正殿

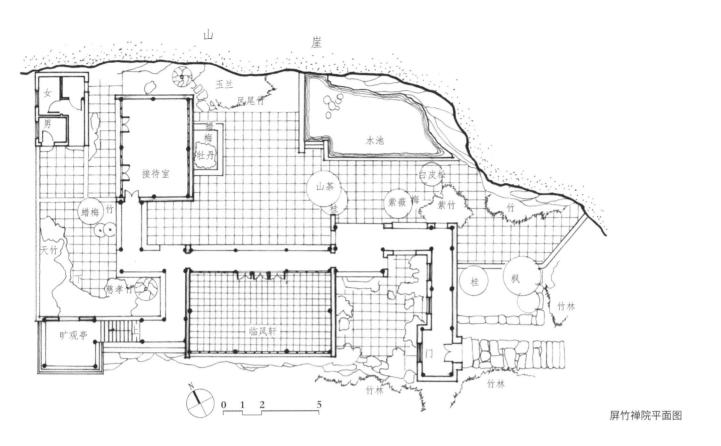

山崖

女
男

玉兰
凤尾竹

接待室

蜡梅
牡丹

接待室

蜡梅 竹

天竹

慈孝竹

旷观亭

下

上

临风轩

山茶
桂

紫薇 梅
白皮松

紫竹

水池

竹

门

桂 枫

竹林

竹林

竹林

N

0 1 2 5

屏竹禅院平面图

屏竹禅院景观

屏竹禅院门楣

屏竹禅院入口小径

26 鸡鸣寺重建

名　　称：鸡鸣寺重建
地　　点：江苏省南京市
时　　间：1982-2004
项目负责：杜顺宝
项目参加：杜顺宝 丁宏伟 郭华瑜 季 蕾 朱卓峰
　　　　　董 凌 方善镐 何德生 王伟成
规　　模：5200 平方米

大雄宝殿

　　鸡鸣寺是南京古刹之一。它的前身是梁同泰寺，历经兴废，"文革"中沦为街道工厂和民居，观音、豁蒙两楼又毁于火。1982 年南京列为首批国家历史文化名城时，市政府落实宗教政策，决定重建鸡鸣寺。根据资金筹集过程和宗教活动的要求，重建工程分几期持续了 20 多年，至今才形成比较完整的建筑群，是南京市区内重要的宗教活动场所。

　　鸡鸣寺重建的可取之处，一是在于尊重原有格局，因山就势，形成错落有致的建筑群；二是较好地把握了建筑尺度、体量以及与山体的关系，并和四周环境协调；三是尊重历史，采用原建筑群的风格予以表现，使建筑群能融入地域的历史文脉之中，取得社会民众的认同。鸡鸣寺现在已是南京城市景观和明城墙风光带的重要节点。

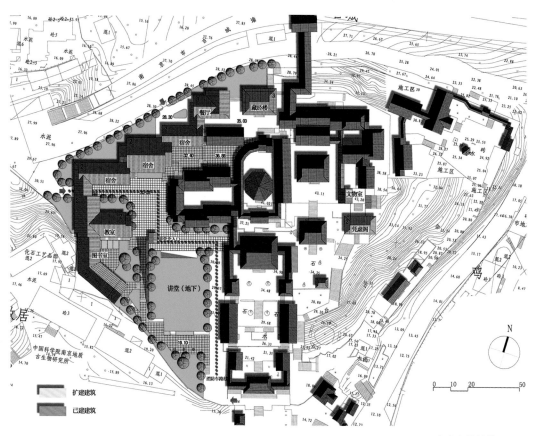

鸡鸣寺规划总平面图

鸡鸣寺雪景

鸡鸣寺全景

大雄宝殿与药师佛塔间通道

药师佛塔

鸡鸣寺远景

胭脂井素菜馆外景

鸡鸣寺早期山门

27 兰亭风景区保护与发展规划和书法陈列馆

名　　称：兰亭风景区保护与发展规划和书法陈列馆
地　　点：浙江省绍兴市
时　　间：1983-1990；2010-2013
项目负责：潘谷西　朱光亚
项目参加：朱光亚　陈薇　余健　蒋晓盈　唐芃
　　　　　许若菲　杨红波　章泉丰　高琛　淳庆　等
规　　模：12167 平方米

兰亭因王羲之的兰亭序而传世，兰亭序是书法史上的里程碑，它所体现的魏晋风度和玄学思想是中国思想史、美学史上的里程碑。晋之兰亭一说不在此，但可以肯定的是宋以后兰亭于此从未移动过。自宋至明，护亭的天章寺不断扩大，堆锡杖山，迫兰渚江东折，兰亭遂东移，抗战间寺被炸毁，仅剩兰亭几处建筑。1960 年代兰亭江截弯取直，"文革"结束后始着力整顿和修缮。东南大学建筑历史学科团队两次大规模介入兰亭的保护和整治。第一次是 20 世纪 80 年代，第二次是 21 世纪。潘谷西先生将兰亭定为中国园林中的阳春白雪，指出虽然时人未必能领会，但作为园林中的高雅之作是不能随便处置和改动的。强调保护意境，规划划定范围，兰亭江以东仅做了入口等处的配套设施包括售票厅，接待室等，将兰亭的资源挖掘和较大的设施置于兰渚江以西的天章寺遗址区，且务必要保护崇山峻岭茂林修竹的历史环境。城市化的快速发展和旅游的刺激已经使兰亭变化甚多，加上房地产业对土地资源掠夺在新世纪日益严峻，绍兴市遂再次委托为有序化建设而开始第二轮规划。扩大保护范围，遏制城市化对兰亭的蚕食，也深入研究建控地带的有效控制和合理使用。中国书法协会和绍兴市政府达成共识，将书法界的最高奖兰亭奖的颁发地定在兰亭建控地带的书法博物馆，对该馆的体量、形象等再三推敲，以不影响从兰渚江东西望兰渚山为准，该馆的适度和得体的建设为延续兰亭的最核心的文化内涵——书法发挥了积极的作用。而入口和外围空间也在旅游的刺激下不断外延。兰亭的未来仍然充满了挑战。

2003 年兰亭遥感图

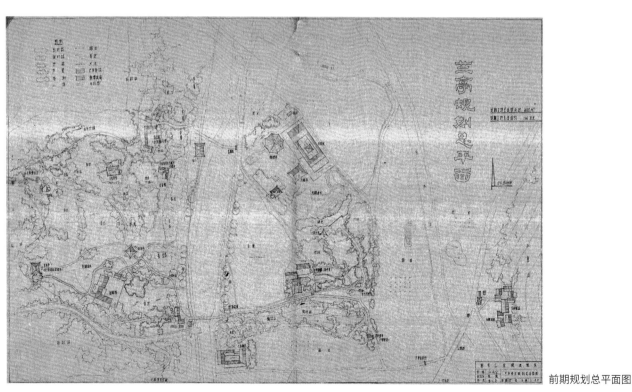

前期规划总平面图

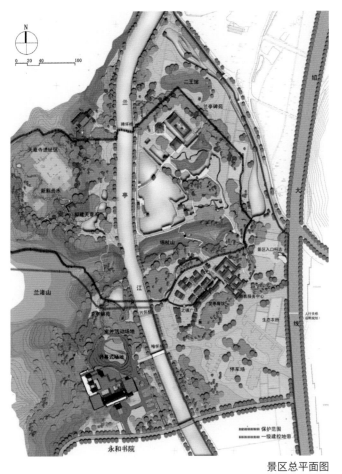

景区总平面图

兰亭

兰亭入口

兰亭全景鸟瞰图

兰亭接待室

兰亭碑林

兰亭书法博物馆一

兰亭书法博物馆二

28 燕园修复

名　　称：燕园修复
地　　点：江苏省常熟市
时　　间：1984–1990
项目负责：潘谷西
项目参加：潘谷西　郭华瑜
规　　模：约 0.27 公顷

　　燕园始建于清乾隆四十五年（1780），道光九年（1829）重修，并请名家戈裕良堆叠假山，燕园"文革"中被占用破坏，修复后为全国重点文物保护单位。修复设计主要参照童寯先生《江南园林志》中的照片和平面图，修复中假山是工程难点，主要尽量利用原有石料将坍塌的假山加以整理和复原，最终达到较好的效果。

三婵娟室南侧院落

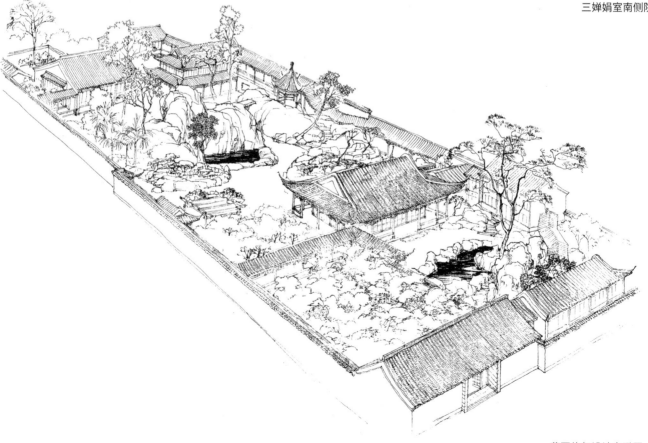

燕园修复设计鸟瞰图

竹林

盆景

花房

管理

男 女

冬荣老屋

希斋

上 温楼

-0.50

竹里竹屋 -0.80

五芝堂

-0.50

宽300方诗题集锦墙

-0.80

上

天际归舟 -0.50

帧

蓼台

赏诗阁 +1.60

竹秋簃

聚瓢

三婵娟室 +0.06

+0.06

梅 玉兰

萱初仙馆之小病廊

莲花庵 +0.06

三石峰

竹林

白皮松

园门

闲来室

御器处

萱初仙馆之小病廊

萱初仙馆之茶室

+0.00

辛峰巷

0 2 4 10
N

燕园修复设计平面图

剖立面图

方砖铺地

方砖铺地

N

0 1 2 5

青石阶条石

平面图

草架

剖面图

三婵娟室（四面厅）修复设计图

三婵娟室北面

绿绕廊

假山与赏诗阁

29 包拯墓园规划与设计

名　　称：包拯墓园规划与设计
地　　点：安徽省合肥市
时　　间：1986
项目负责：潘谷西
项目参加：潘谷西　戴　俭
项目规模：约 1 公顷

　　重建的包拯墓园选在合肥市区风景优美的环城公园内，与包拯祠相邻，成为合肥市重要名胜游览地。包拯墓园按宋代官墓设计，其布局为沿中轴线依次展开照壁、双阙、神门、石仪、享堂，坟丘（方上）等，一侧为包拯家人墓。地面建筑全按宋《营造法式》设计，地下建筑则依原墓的测绘数据设计建成。墓区用高围墙来阻隔噪声，并充分利用保留的众多树木，使之形成了环境肃穆静谧的纪念地。

照壁

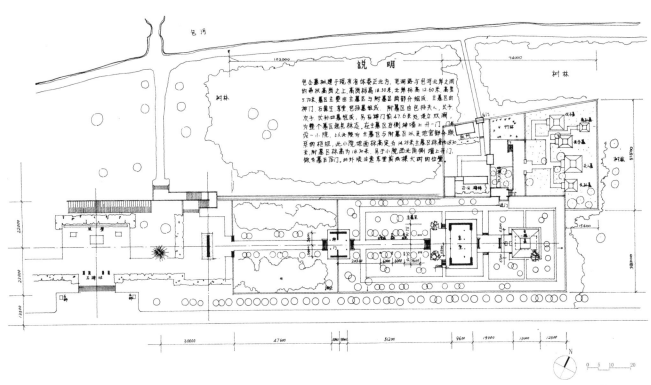

墓区平面图

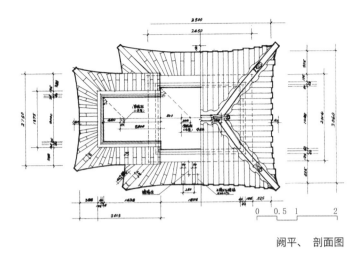

阙平、剖面图

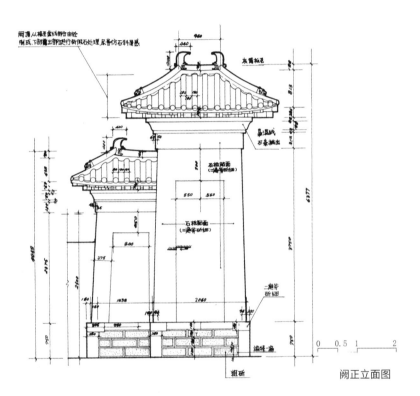

阙正立面图

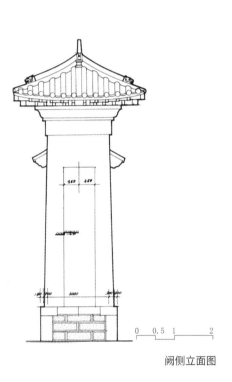

阙侧立面图

双阙

石仪

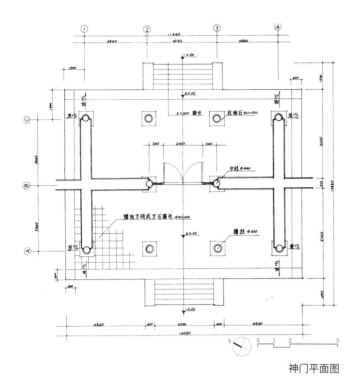

神门平面图

神门

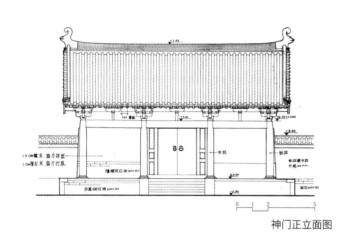

神门正立面图

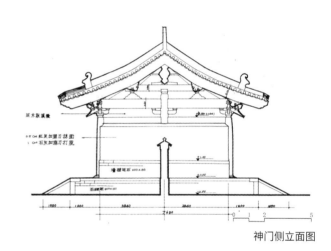

神门侧立面图

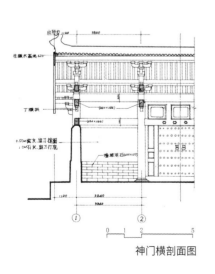

神门横剖面图

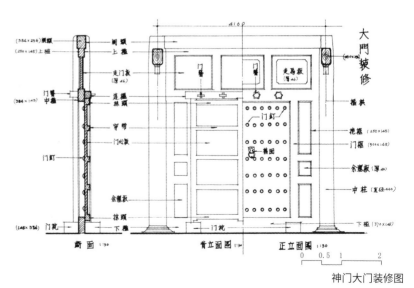

神门大门装修图

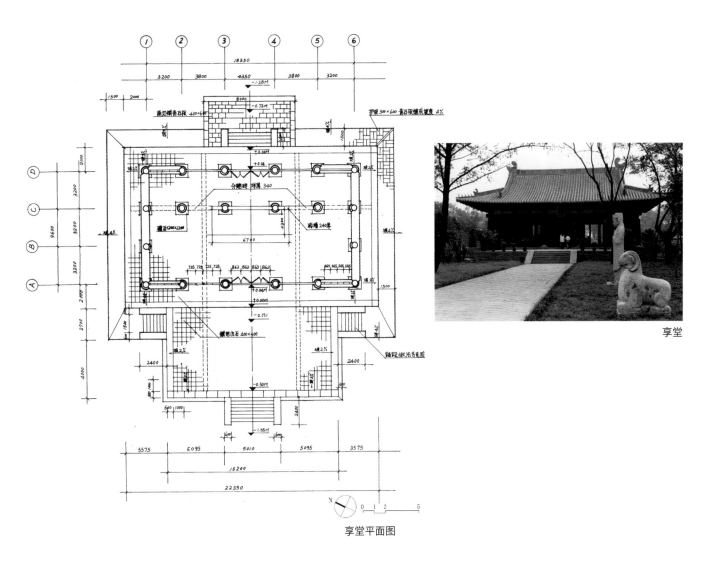

享堂

享堂平面图

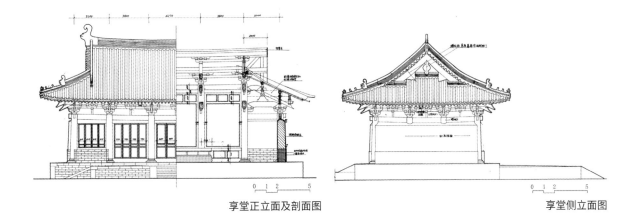

享堂正立面及剖面图

享堂侧立面图

30 琅琊山风景区规划与建筑设计

名　　称：琅琊山风景区规划与建筑设计
地　　点：安徽滁州
时　　间：1991–1998
项目负责：潘谷西
项目参加：潘谷西　赵　辰　陈　薇　王海华
规　　模：约5000公顷

　　琅琊山位于安徽滁州西郊，因欧阳修《醉翁亭记》《乐丰亭记》的记述而名扬天下，现为国家级风景名胜区及森林公园。20世纪90年代在当时景区衰败、条件非常艰苦的情形下，在潘谷西先生带领下进行规划与设计，主要依据文献记载及其景区历史环境进行景点修建。主要包括碧霞宫、同乐园、清风明月楼三个景点。

　　碧霞宫位于琅琊山主峰，原为小规模道观，民国年间已毁，仅存基址。1991年拟恢复该组建筑。设计主要特色为利用山地高差，围合成一大一小两组院落。主院落为庙宇部分，次院落为服务区，特别注重对地形及原有树木的利用与保护。

　　同乐园设计于1995–1998年，其特色是利用废弃采石场的塘口峭壁进行设计。设计中利用石壁作为风景主题，沿壁凿石开池注水，厅堂、斋馆、亭榭等建筑均面石壁而建，形成对景，再以游廊联络而成院落，环境幽静、风景优美。用《醉翁亭记》"醉能同其乐"之意题名"同乐园"。

　　清风明月楼设计于1997年，位于琅琊山深秀湖北岸。深秀湖原有一条堤横切湖面，将湖分成大小相近的两片，该设计将此堤去掉一截后向西折，新建一桥将其连至湖岸，从而使湖面大小变化，堤曲折有致。在湖北岸建清风明月楼作茶室，可眺望山顶会峰阁。

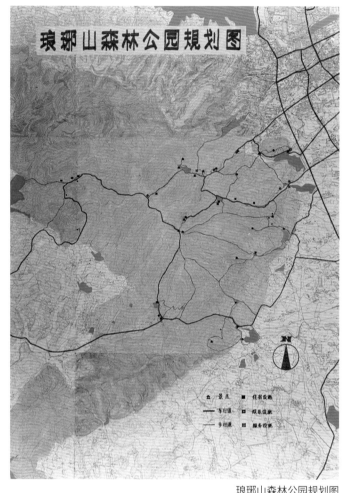

琅琊山森林公园规划图

碧霞宫主景

碧霞宫入口

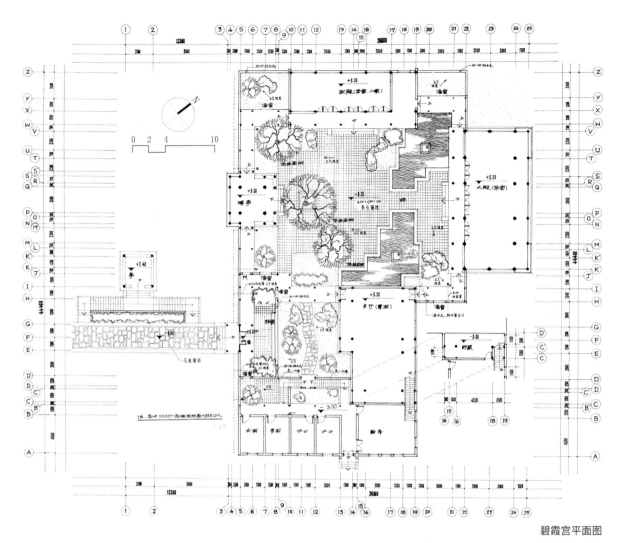

碧霞宫平面图

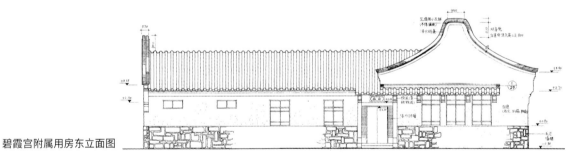

碧霞宫附属用房东立面图

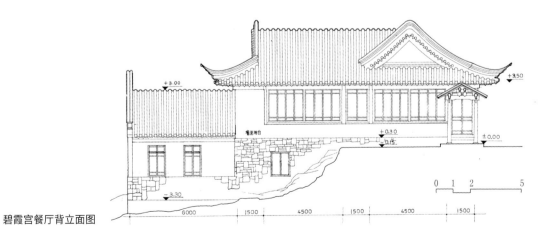

碧霞宫餐厅背立面图

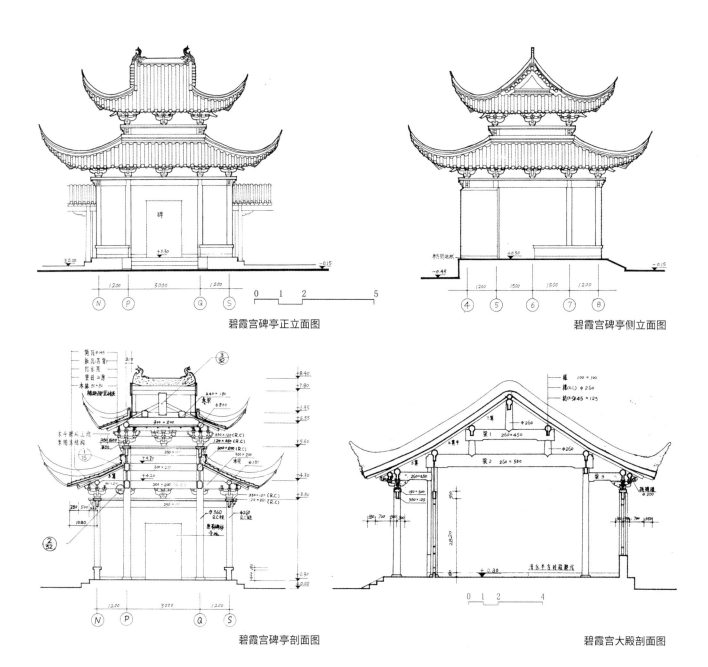

碧霞宫碑亭正立面图

碧霞宫碑亭侧立面图

碧霞宫碑亭剖面图

碧霞宫大殿剖面图

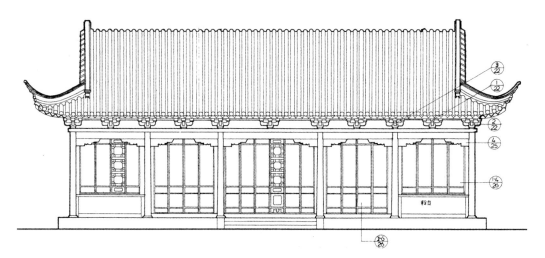

碧霞宫大殿立面图

同乐园

取《醉翁亭记》"醉能
同其乐，醒能述"
的意，题名为"同乐
园"如何？其寓意为
上下同乐，老少同乐，
众人同乐也。

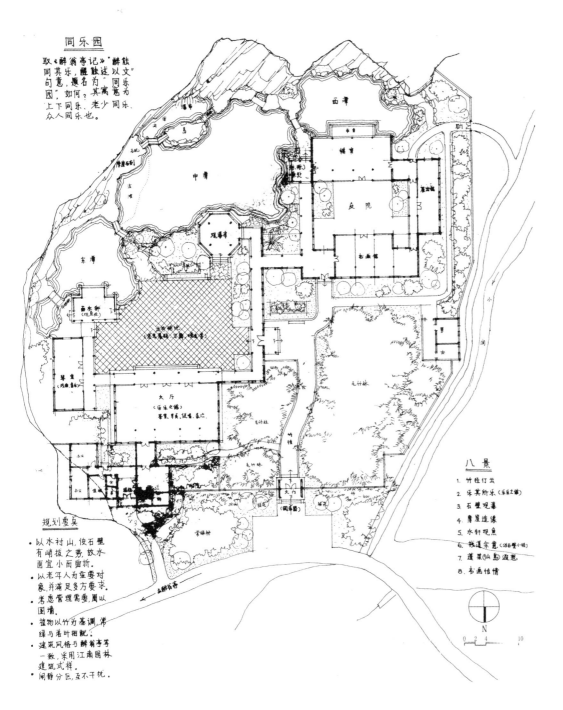

八景

1. 竹径行云
2. 乐其所乐（半乐红鱼）
3. 石壁观瀑
4. 曲廊迎爽
5. 水轩观鱼
6. 栈道寻幽（沿石壁小径）
7. 蓬莱（仙岛）遊憩
8. 书画怡情

规划要点

- 以水衬山，使石壁有峭拔之势，故水画宜小而曲折。
- 以老年人为主要对象，并满足多方要求。
- 考虑管理需要，周以围墙。
- 植物以竹为基调，常绿与落叶相配。
- 建筑风格与醉翁亭等一致，采用江南园林建筑式样。
- 闹静分区，互不干扰。

同乐园平面图

同乐园景一

同乐园景二

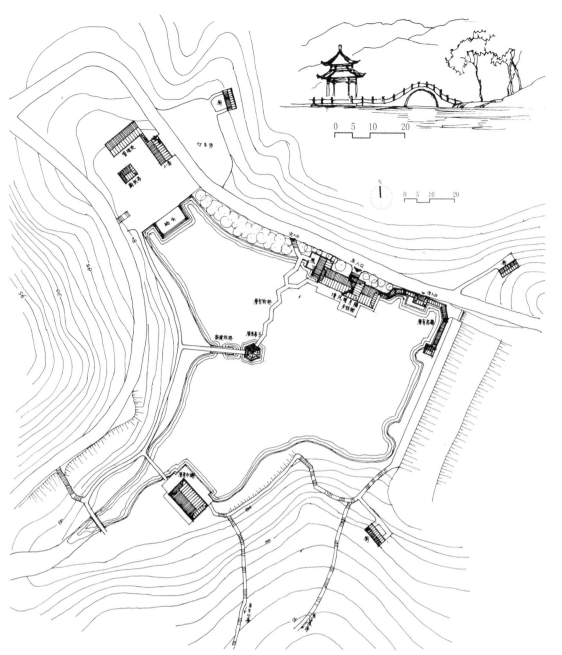

新建拱桥示意图琅琊山深秀湖规划

清风明月楼一

清风明月楼二

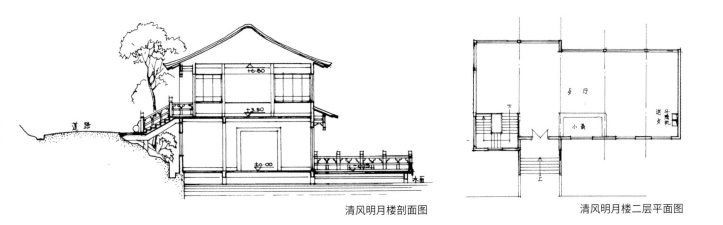

清风明月楼剖面图　　　　　　　　　　清风明月楼二层平面图

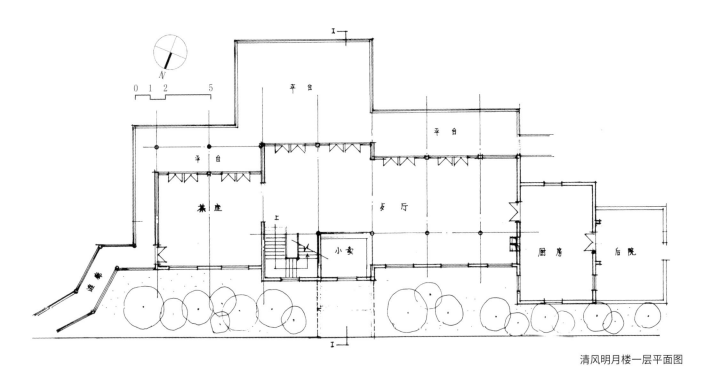

清风明月楼一层平面图

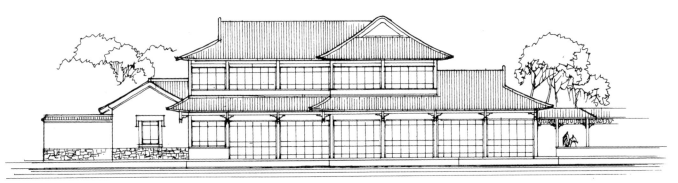

清风明月楼北立面图

31 镜湖风景名胜区柯岩景区规划设计

名　　称：镜湖风景名胜区柯岩景区规划设计
地　　点：浙江省绍兴市
时　　间：1995-2001
项目负责：杜顺宝
项目参加*：杜顺宝　孙茹雁　王　维　赵　扬　周　炜
　　　　　　张　哲　杨冬辉　蔡　晴　张　麒　侯冬炜
　　　　　　王海华 等
规　　模：规划 600 公顷；建成景区 85 公顷

　　柯岩是鉴湖名胜区最精华的核心景区。汉唐以来在此开山采石，曾是绍兴地区的名胜之一，到近代沦为荒丘农田，仅存云骨、石佛两座石峰，现为省级文保。1995 年绍兴县决定重新开发建设柯岩，景区的设计以保留的云骨和石佛为中心，将原有场地中的农田恢复为宕口，形成大水面。风景区的一期于 1996 年对外开放获得成功，当年被浙江省建设厅授予"浙江省优秀建设景点"和"浙江省游客喜爱的美景乐园"称号。柯岩以石文化为景观特色崛起于绍兴，仅经过二、三年的建设即后来居上，成为当时绍兴地区游客最多、功能最齐全的新景区，旅游界称其为"柯岩现象"而给予极大关注，并探讨其成功的原因。人民日报和新华社等新闻单位都对柯岩做了"地毯式"报道。国家旅游局领导也对柯岩景区的规划建设给予高度评价。

　　一期成功后又进行了完善和拓展，主要特色是尊重原有自然和历史环境及文化资源，突出了绍兴石文化的灵魂和傲骨的精神风貌；总体布局不拘泥于历史，以新时代的审美要求进行空间组合，利用废弃石宕口，营造出开朗有序的空间序列，创造出富有地域特色的景观形象，既有利于文物的保护，又符合时代精神的要求。以它为依托，目前已扩展成为绍兴县城 40 平方公里的旅游度假区。柯岩景区规划设计 1998 年获江苏省第八次优秀工程设计一等奖。

* 其中二期镜水湾景点由杭州园艺师刘延捷规划，东南大学协助完成其中的建筑和三聚同源景点设计；三期名士苑景点由中国美术学院设计。

景区一期全景

柯岩景区规划设计总平面图

轴线对景： 云骨峰

石佛景点全景

从礼佛台看石佛与普照寺

石佛峰与文昌阁

32 薛福成故居西花园复建

名　　称：薛福成故居西花园复建
地　　点：江苏省无锡市
时　　间：2003-2008
项目负责：张十庆
项目参加：张十庆　乔迅翔　马　晓　袁　晓　寿　刚
　　　　　吴　雁　等
规　　模：占地约1.2公顷；总建筑面积2486平方米

　　薛福成故居位于无锡旧城区西南部，是无锡重要历史文化名人、我国近代著名思想家、外交家、民族工商业者薛福成的故居，建于清光绪十六年至光绪二十年（1890-1894），故居规模宏大，宅第与花园相融一体，是近代江南大型私园的重要实例。2001年被列为全国重点文物保护单位。

　　薛福成故居西花园，位于薛福成故居西部，与后花园、东花园共同组成薛福成故居花园的整体。西花园近代被毁，其址为居民住宅所占。项目作为薛福成故居西区复建，对于改善和恢复故居的整体风貌，具有重要的意义。

　　历史上薛福成故居经多次自然、人为的破坏，原状几无遗存且无考古发掘资料，故西花园的复建规划设计与一般的文物修复有所不同。西花园复建设计不是一个孤立的项目，而是以故居为依托，在性质、风格、结构格局、范围上，是相当明确和清晰的。西花园的复建，作为薛福成故居整体的一个有机组织部分，在形式与内容上协调于故居整体，并表现江南第宅花园的特征，这是西花园规划设计的基本原则。复建设计的基本思路和方法是：

　　其一，西花园复建设计，不仅保存原花园旧址，而且保存延续西花园与故居的结构关系，并尽力保护有关的历史信息，尽可能地保存旧址上的遗迹、遗物，如土丘、古树、湖石等，并将它们有机地组织到规划设计中。

　　其二，在原有旧址上经过分析研究，努力延续西花园原有的格局和结构关系，再现依托于薛福成故居的江南私家第宅园林形式和氛围，追求园林部分与整体故居的协调性和一体化，表现江南私家园林空间的丰富和景致的趣味。

　　其三，通过复建规划设计，充分挖掘薛福成故居所蕴含的人文、建筑和历史价值，延续、丰富和完善薛福成故居的形式和内容。

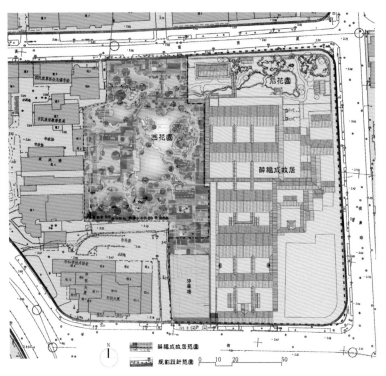

故居总平面图

西花园平面图

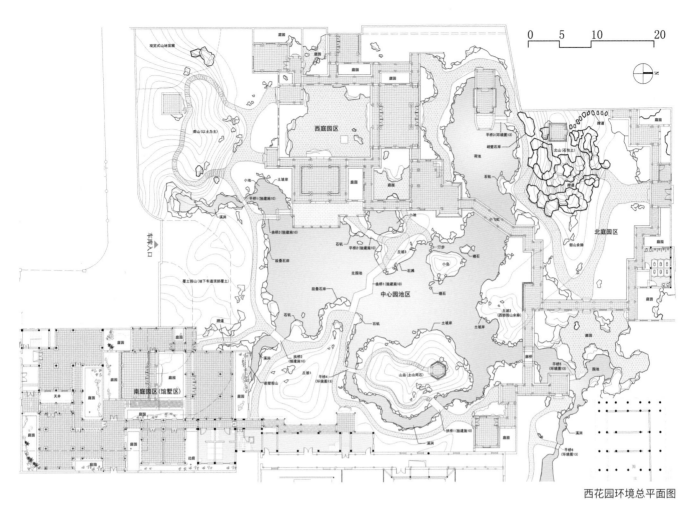

西花园环境总平面图

西花园东北角入口

全园鸟瞰

园景一

太匆匆
過衣吞人影
畫船橋下
日午
九曲紅
一字欄杆
紅橋飛跨水當中

整体剖视图

园景二

园景三

园景四

33 八卦田景群保护与建设

名　　称：八卦田景群保护与建设
地　　点：浙江省杭州市
时　　间：2004-2007
项目负责：朱光亚
项目参加：朱光亚　张轶群　张玉瑜　姚舒然　李练英
　　　　　陈　易　等
规　　模：9公顷
合作单位：中国美术学院风景设计研究院

　　八卦田在杭州凤凰山西南，是南宋高宗时朝廷的"籍田"，为高宗亲耕和观稼之地，囿于江南地狭人稠，虽遵汴京旧制而规模减半，有祭坛和观耕台等。元灭宋，籍田从此成为乡间农田，但地形地貌犹在，明以后被称为八卦田。至20世纪80年代为生产队所有。随杭州城市扩大，该地进入市区，西湖风景区提出开展规划使该景点发展有序化。本项目规划设计从研究历史与现状开始，根据《咸淳临安志》、《宋会要》和《玉海》等史籍，对照当时尚存的地形图分析，推测出南宋时籍田的范围和祭典的路线与基本格局，指出八边形的高台原来不是八边形而是矩形，最早即为祭坛所在。观耕台则在现天龙寺之南。整理了当年籍田所种的庄稼种类。规划将这一区域定位为保存农耕活动和体现农业文明成就的公共活动场所，对经营内容和方式也提出了建议，包括：1. 以植物为基本造景要素，多种树、多种庄稼、少造房，以自然风光和历史文化遗存为主，以环境小品为灵魂画龙点睛。建筑则乡土化与田园化；2. 在历史考据的基础上重新评估八卦田的价值和文化内涵并寻求其最佳表达；3. 从当代社会需求与古代农耕文化的契合点上切入寻找利用的合理性；4. 了解当代旅游和管理的基本和某些特殊要求，按控规中各专项规划和市政规划的要求提供相关的现代设施详规。

　　此后，在保护范围和建设控制地带内杭州市园文局和西湖风景区整治了环境，中国美院风景设计院完成进一步的植栽配置和小品等设计。如今是杭州市里一处城市环境中的田园风光。

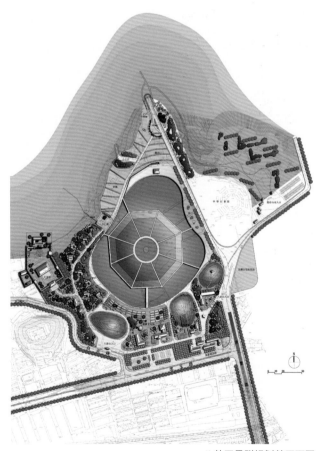

八卦田景群规划总平面图

八卦田的说明牌

八卦田展示的水车

从凤凰山下望八卦田

八卦田说明月令的小品

八卦田的茶室

34 苏州博物馆墨戏堂

名　　称：苏州博物馆墨戏堂
地　　点：江苏省苏州市
时　　间：2006-2007
项目负责：朱光亚
项目参加：朱光亚　杨　慧　都　荧　李庆华
规　　模：庭院面积 250 平方米；建筑面积约 100 平方米

　　墨戏堂是东南大学应苏州博物馆建筑总负责人贝聿铭先生要求而作，建筑为全木构草顶建筑，宋式风格，配合宋画展陈并作为宋风庭院的主体。建筑与景观表现中国北宋时期精致古雅的审美特点，柱石木构少施斧作，加之茅草屋顶与庭院景观和家具，表现自然而质朴的园林意象。

苏州博物馆首席设计师贝聿铭先生和本项目负责人朱光亚讨论墨戏堂建造问题

墨戏堂室内及陈设

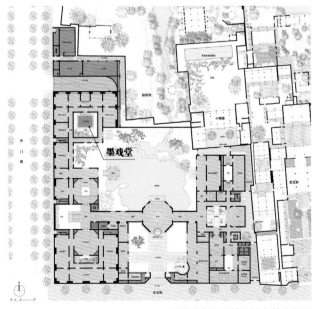

墨戏堂在苏州博物馆中的位置图

墨戏堂前庭

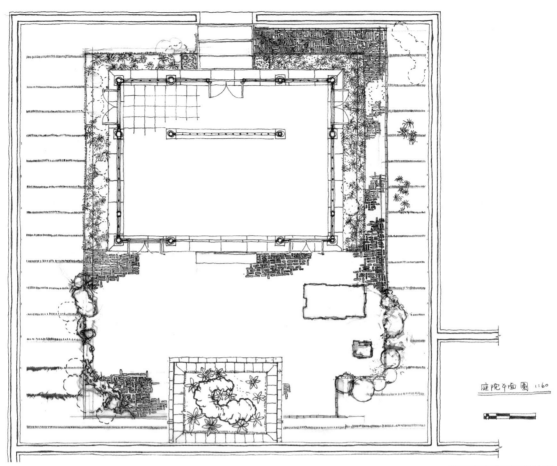

墨戏堂庭院平面设计图

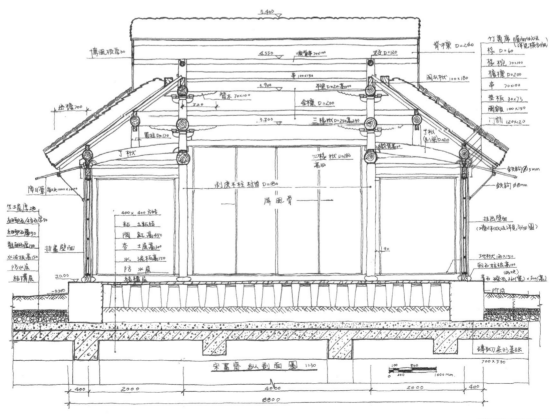

墨戏堂纵剖面图

35 江宁织造府博物馆古建筑

名　　称：江宁织造府博物馆古建筑
地　　点：江苏省南京市
时　　间：2006-2008
项目负责：朱光亚
项目参加：朱光亚　都　荧　徐　玫　高　琛　相　睿
　　　　　姚舒然　雷　巍　庞　旭　淳　庆
规　　模：1800平方米

博物馆施工阶段，首席建筑师吴良镛先生和本项目负责人朱光亚合影，右为清华大学教授王贵祥

　　2004年，南京市政府决定在清代江宁织造府原址上建造一座现代博物馆。江宁织造府与《红楼梦》关系密切，曹雪芹生于此，长于此，小说中的部分场景也源于此。因此，博物馆既要表现"老的"——江宁织造府，又要承载"新的"——红楼梦博物馆、曹雪芹博物馆和云锦博物馆。清华大学教授、两院院士吴良镛先生及其团队应南京市政府之邀，历时5年多设计并建成这个博物馆。设计大师何玉如团队承担土建设计任务。吴先生在设计中提出"核桃模式"和"盆景模式"，在博物馆中形成完整的山水园林格局，分为三个层次：以栋亭与有凤来仪为主体的屋顶园林，以萱瑞堂为主体的地面园林，以青埂峰为主体的下沉广场园林。

　　这组山水园林中的仿古建筑的单体设计与施工图绘制由朱光亚先生领衔的古建筑设计团队完成。对于传统建筑如何继承和发展，团队探索既不简单抄袭古人遗作，也不违背古建筑自身的营造逻辑，让观者通过传统元素产生新江宁织造府认同感。青埂峰拉开红楼梦博物馆的序幕，织造府的文化意象则是

由栋亭与萱瑞堂这两个织造府历史上颇有意义的建筑担当。萱瑞堂是地面园林中的主体建筑，栋亭是全园的制高点，也是整座建筑的标志。栋亭的风格和审美定位向苏州园林建筑靠拢，以更接近人们心目中的大观园，并适应在织造府的空间中创造精美园林的场地条件。另外，结合当今的技术和工艺，改进传统工艺中的不足，来满足现代建筑的功能、结构、防灾、节能等要求。例如地面园林戏台院落中的观演建筑"诗世界"，利用木枋夹钢板增大开间跨度；屋顶园林的"栋亭"采用金属筒瓦解决屋面抗风防滑脱问题；各木构建筑的柱底都以螺栓与混凝土楼面板连接，确保不同结构体系间的整体性和稳定性。

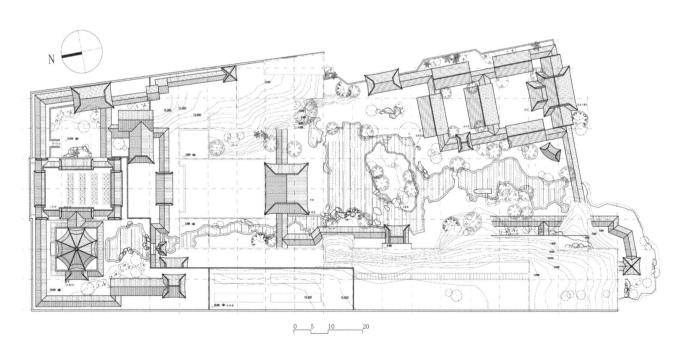

0　5　10　　20

织造府博物馆屋顶及花园总平面图

由西北向东南望织造府博物馆

织造府博物馆全景鸟瞰

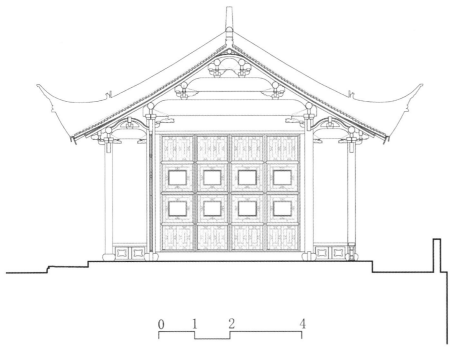

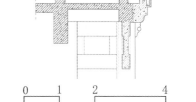

织造府博物馆花园主体建筑萱瑞堂剖面设计图　　　　　织造府东南入口上部敞轩的檐口大样图

织造府博物馆东北部景观

织造府博物馆冬景

博物馆东南隅欣赏戏曲的戏苑

36 西山大观音禅寺规划与建筑设计

名　　称：西山大观音禅寺规划与建筑设计 *
地　　点：江苏省苏州市
时　　间：2008-2009
项目负责：张十庆
项目参加：张十庆　宿新宝
规　　模：总建筑面积 8014 平方米；庭园面积 1072 平方米

　　西山大观音禅寺位于苏州太湖西山岛西南部的绮里坞，古称花山寺、观音院，基地南临太湖，北靠太湖七十二峰缥缈峰。项目性质为以恢复历史寺院花山寺为基础的宗教文化景点。观音禅寺规划用地约 37700 平方米，总建筑面积 8000 余平方米，庭园面积 1000 余平方米。

　　在总体规划和建筑设计上，观音寺采用仿唐的形式和风格，根据唐代寺院典型的廊院形式及院落空间进行布局。中轴上依次设置前院、主院和后院三进院落，其主殿依次为山门、天王殿、大圆通殿和法堂，其中山门组群建筑与天王殿组群建筑，采取唐代典型的凹字形空间组合形式。观音寺设计的目标是塑造国内诸多仿唐建筑中的独特性和个性化，表现唐风寺院素朴、雄劲和典雅的风格及特色。

* 此项目东南大学完成的是方案阶段，施工图阶段由业主委托清华大学进行。

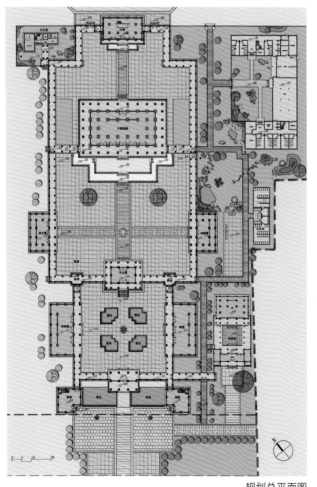

规划总平面图

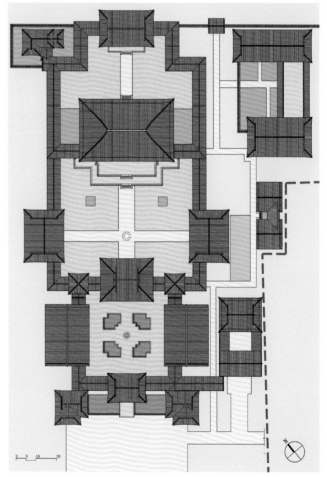

屋顶总平面图

山门阙阁效果图

寺院总体鸟瞰效果图

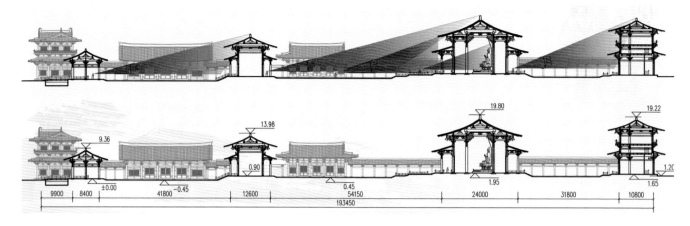

场地竖向设计分析图

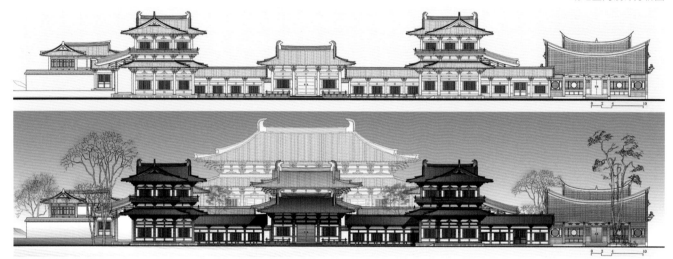

寺院整体正立面图

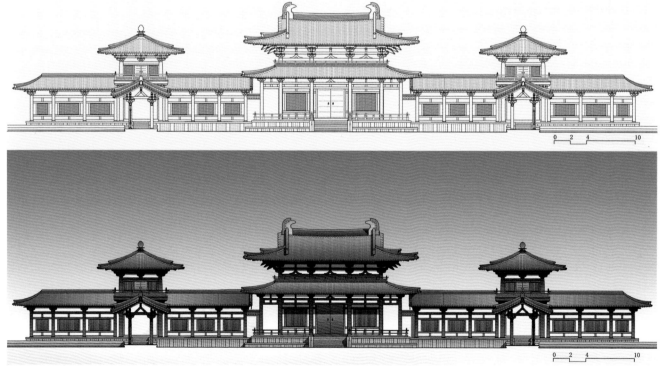

前院区剖立面图

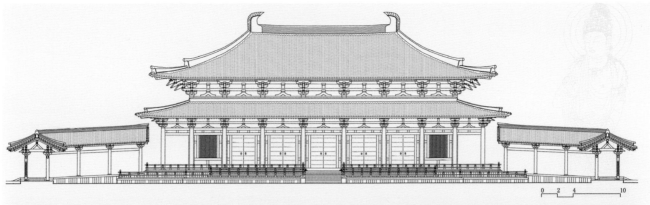

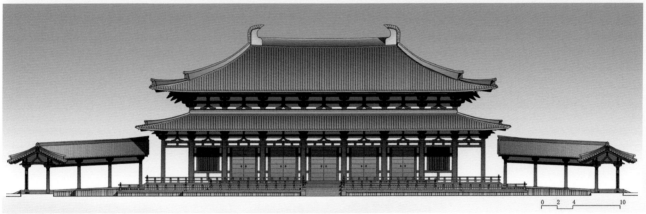

主院区剖立面图

山门广场景观

大圆通殿景观

寺院整体鸟瞰

37 愚园修缮与重建

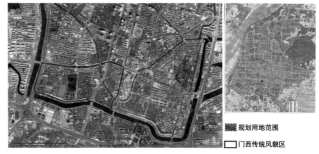

□ 规划用地范围
□ 门西传统风貌区
区位图

名　　称：愚园修缮与重建
地　　点：江苏省南京市
时　　间：2008-2013
项目负责：陈　薇
规划设计：陈　薇　王建国　是　霏　杨　俊
建筑设计：陈　薇　高　琛　顾　效　胡　石　都　荧
　　　　　戴薇薇　冯耀祖　闵　欣　是　霏
景观设计：陈　薇　杨　舜　陶　敏　杨冬辉　伍清辉
　　　　　许　杨
建筑结构：梁沙河　孙　逊
水电设备：赵　元　罗振宁
规　　模：总占地面积 3.45 公顷；总建筑面积 4120 平方米

愚园性质为恢复和复建项目，位于历史文化底蕴深厚的南京市城南西片，曾经是徐达后裔的私园，清晚期易为胡氏修筑为愚园，是南京重要的私家园林之一，但后来毁坏严重，成为脏乱差的棚户区。1982 年愚园遗址被公布为南京市第一批文物保护单位，2006 年政府启动项目，定位为恢复和复建，以改善市民生活和环境品质，并重建南京历史名园。

项目的难度很大，主要需求在历史的真实性、现场的可能性和未来的使用性方面要达到完美结合，包括：保护和利用、传统格局和现实条件、自上而下总体规划和自下而上具体建筑等专业设计在过程中的调整、文献比对和现代考古及测绘的多重证据法运用等。

项目组重视基础研究、现场工作、跨学科合作、设计创新，有效传承了愚园刻本及童寯先生 1930 年代步测图记录的大疏大密的独特格局、原有的园林意境、地方建筑传统技艺和文化，也创新技术，符合现代建筑规范和服务公众在生态、环保、消防、使用等方面的社会需求。在学界、社会影响方面获得一致好评。2017 年被评为江苏省城乡建设系统优秀勘察设计建筑设计一等奖；南京大型纪录片《南京》和《天下文枢》均将愚园作为南京重要的历史文化传承地进行宣传，产生一定的社会价值。

愚园三十六景
1 铭泽堂宅院
2 容安小舍
3 分荫轩
4 觅句廊
5 花坞
6 春晖堂
7 无隐精舍
8 愁亭
9 小沧浪
10 小山佳处
11 岩窝
12 若玉泉
13 积云楼
14 双桂轩
15 清远堂（月台）
16 水石间
17 青山伴我之楼
18 东园厅
19 竹坞
20 秋水疏庶之馆
21 课耕草堂
22 养生池视稼
23 秋云老圃
24 在水一方
25 镜写芙蓉
26 界乳波光
27 柳岸波光
28 鸥湖
29 渡鹤桥
30 延青阁
31 家祠
32 绿台
33 崖洞
34 城市山林

愚园总平面图和三十六景图

愚园全图（来源：《白下愚园集》 刻本．清光绪二十年，1894)

规划设计效果图

清远堂衔接南北区的剖立面图

建成愚园鸟瞰

北区假山南立面图

愚园南北向大剖立面图

愚园框景（上右、下左摄影：姚力）

愚园春景（摄影：姚力）

愚园夏景

愚园秋景

愚园冬景

愚园花窗（摄影：姚力）

38 北固山北固楼重建

名　　称：北固山北固楼重建
地　　点：江苏省镇江市
时　　间：2009-2012
项目负责：陈　薇
建筑设计：陈　薇　贾亭立　是　霏
结构设计：孙　逊
水电设计：吴　雁　范大勇
校　　核：周小棣
审　　核：朱光亚
规　　模：建筑单体面积 365 平方米

北固楼总平面图

"何处望神州？满眼风光北固楼"，是宋代词人辛弃疾在《南乡子·京口北固亭怀古》中留下的诗句，其意境之旷达和高远令人向往。曾经米芾题匾"天下江山第一楼"，更使得北固楼盛名天下。后世变化，楼无踪迹。本项目选址于江苏镇江北固山巅中心处，为国家风景名胜区内的新建标志性景观建筑，旨在提高北固山的神采与文化内涵。

建筑设计特色主要表现在因地制宜、神采表达、结构创新三方面。①设计中在山顶临江一侧将平台伸出，使北固楼雄踞江岸，平添气势，同时满足了楼的使用需求，增加了景观层次，并形成前敞院、后观览的合理格局；②创新宋式楼阁，楼3层，下为重檐，顶层单檐歇山加南北向出山，轮廓形态丰富，成为各视线下均变化俏美又端庄大方的标志性建筑，创造出稳重而挺拔、简洁而丰富、古拙而秀美的风韵和意味；③针对传统木结构进行优化设计，主要木构均用榫卯构造以保证木构架的整体性。但由于楼阁位于山顶，暗层用

新型板材替代墙体、而楼层窗下墙局部增加金属网以加强整体刚度，解决山顶建筑整体抗风的要求。

北固楼建成后，成为镇江沿江标志性建筑，同时与东南大学杜顺宝教授设计的多景楼及整体环境一起，构成形势生动、值景而生的江川图画。2014年获江苏省城乡建设系统优秀勘察设计二等奖；同年获中国风景园林学会"优秀园林古建工程奖"金奖。

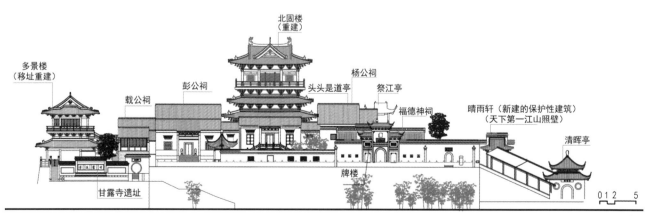

北固山顶立面展开图

142

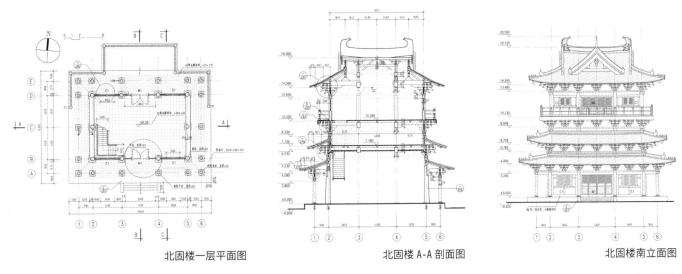

北固楼一层平面图　　　　　　北固楼 A-A 剖面图　　　　　　北固楼南立面图

北固楼实景

39 龙泉寺保护规划与环境整治

名　　称：龙泉寺保护规划与环境整治
地　　点：山西省太原市
时　　间：2010–2011
项目负责：周小棣
项目参加：周小棣　沈　旸　马骏华　相　睿　常军富　肖　凡　高　磊
规　　模：203.8公顷

　　龙泉寺位于山西太原西山地区的风峪沟北侧，地处太山风景区内，始建于唐，明初重修，分上下两院，现存多为明清建筑，周边还分布着唐碑、唐槐、后唐李存孝墓、元明清塔林碑刻等历代多处文物遗存，环境清幽，历史文化气息浓郁。尤其是2008年唐代佛塔地宫的考古发掘使得这个建筑分散、类型多样、渐被人们遗忘的位于晋阳古城西北古驿道要点的幽静去处一跃成为太原西山带历史文化景观中的夺目亮点，2017年公布为全国重点文物保护单位。

　　本项目的保护规划重视1300多年的悠久历史造就的该处多层文化共处与叠置的独特历史现象，在对文物完整性的保护过程中强调对整个历史发展过程的保护和梳理，关注佛教、道教和民间信仰等各种文化因素对龙泉寺的影响和介入，并据此进行环境整治，加强对历史环境与各种文化场所的保护和展示。整治过程中，依据考古价值判断与抉择、历史环境与景观系统架构、可资利用的文化资源体系梳理，使龙泉寺、太山乃至整个太原西山文化带的综合历史特征得到完整的体现。该项目获2013年度教育部优秀工程勘察设计规划设计三等奖。

清道光 《太原县志》 太山图

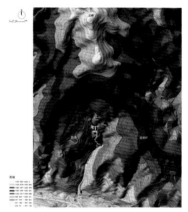

龙泉寺高程图

□ 原保护范围
□ 调整后的保护范围

龙泉寺保护范围调整图

龙泉寺鸟瞰

整治后的山路景观序列

清文化层(昊天上帝庙遗址)

金文化层

唐文化层(唐代佛塔塔基遗址及地宫)

龙泉寺唐塔基址考古文化层展示

龙泉寺唐塔基址保护棚内景

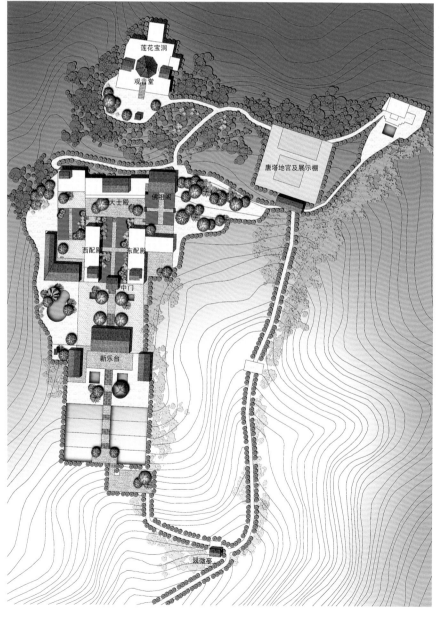

莲花宝洞

观音堂

唐塔地宫及展示棚

大士殿

佛祖阁

西配殿

东配殿

中门

新乐台

翠微亭

N

0 4 8   20

龙泉寺核心区规划平面图

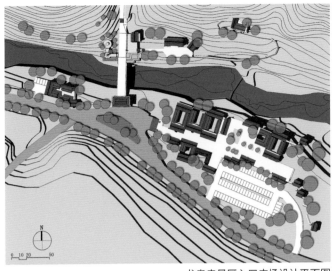

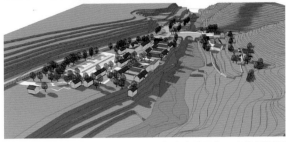

龙泉寺景区入口广场设计平面图

龙泉寺景区入口广场透视图

整治后的乐台前院落景观

寺前护坡理景

整治后的台地水景

整治后的寺前台阶及跌水

龙泉寺三大士殿

修缮后的龙泉寺中门及围墙

龙泉寺三大士殿院落

147

40 南浔宜园修复

名　　称：南浔宜园修复
地　　点：浙江省湖州市
时　　间：2014–2017
项目负责：朱光亚
项目参加：朱光亚　许若菲　胡　石　顾　凯　陈建刚
　　　　　宋剑青　戴薇薇　和嗣佳
规　　模：规划用地 36000 平方米；建筑面积 1300 平方米

　　南浔园林作为近代园林的重要支流，以其强烈的近代特征及中西合璧的艺术风格而著称，而宜园更是其中最被人称赞的园林，宜园俗称庞家花园，始建于 1899 年，是近代著名书画鉴定家、收藏家、实业家、南浔"四象"之一庞云鏳之子庞元济（1864–1949）的私家园林。东园始建于 1855 年，原为明嘉靖初年张氏"东墅"旧址。二者仅一墙之隔，均以强烈的近代特征及中西合璧的艺术风格而著称，是近代园林重要支流——南浔园林的代表，其中宜园被童寯先生称为南浔近代诸园之首。

　　宜园自始建至因战乱和人为破坏而湮没，历时不过五六十年，目前仅有荷花池依稀尚存，相关的文献笔记及照片数量也十分有限。本项目以童寯先生 1930 年代的草测平面图和照片为主要参考，对照 1960 年代宜园照片及其他零星资料，以目前位置明确的园岛、柳堤、竞秀草堂及东大街作为基准，结合其他现存遗迹的实际情况，较为客观、准确地分析和还原了历史上主要院落布局及建筑尺寸，基本确定了主要的叠山、置石和花木位置。对于建筑与叠山置石部分的具体样式和结构构造，因缺少内部照片及等详实资料，多从同时期的南浔近代园林的特征进行推断，使其符合地域和时代特征。

半湖云锦万芙蓉

笋香里前假山
（摄影：童寯）

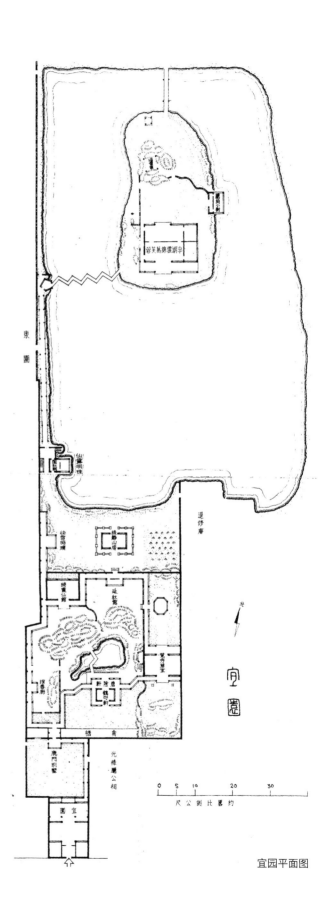

宜园平面图

宜园鸟瞰效果图

凝翠阁修复后效果图

宜园外园修复后效果图

III 名城名镇名村与历史街区规划设计

这类项目的研究对象都属于聚落遗产，这类遗产是城乡社会日常生活的载体，是城乡面貌不可分割的一部分，这些遗产依然在城乡生活中发挥着重要的作用，每天都会多少有些变化，中国自20世纪80年代开始，在城镇化的快速发展进程中为保护这部分遗产诞生了具有中国特色的名城、名镇、名村和历史文化街区（后来又挑出部分称为名街）保护运动，在风卷残云般的城镇化和城市更新的过程中多少为历史积淀较厚的聚落留下了历史的记忆。在这些聚落遗产的规划设计中如何既有效的保存下真实历史文化的载体，为后代留下记忆，也有效地改造、更新或者补强使之为社会各类生活、工作、生产功能提供称职的空间环境，并使之融入当代的社会生活中都是十分不易的，这类案例提供了中国在城镇化阶段中最艰难的时刻保护聚落遗产的见证。

41 夫子庙核心地块规划及建筑设计

名　　称：夫子庙核心地块规划及建筑设计
地　　点：江苏省南京市
时　　间：1984–1986
项目负责：潘谷西　王文卿
项目参加：潘谷西　王文卿　陈　薇　张十庆　崔　昶
　　　　　丁沃沃
规　　模：占地约 2.7 公顷；总建筑面积 8044 平方米

　　夫子庙地块位于南京市内秦淮河畔，是南京历史文化名城的重要组成之一。在明清时期，南京夫子庙地块集祭祀、考学、

庙市为一体，是城市充满活力和特色的区域，新中国成立后清除腐朽的生活方式，逐渐衰落，"文革"时期破坏严重，1980年代以前此地为永安商场。1984 年顺应历史文化名城的复苏和发展，潘谷西先生负责核心地块的规划设计，重建夫子庙建筑群，王文卿先生负责东西市场的历史街区改造。夫子庙按明清时期规制复原，恢复了棂星门、大成门、大成殿、尊经阁、敬一亭等建筑，并对整个格局进行了规划和环境整治，修缮了学宫等有关建筑；东西市场位于夫子庙建筑群左右，既有分隔又融为一体，充分体现了庙市合一的历史格局和历史环境。为夫子庙地块的复兴发挥了重要作用，也奠定了后来发展的平台。

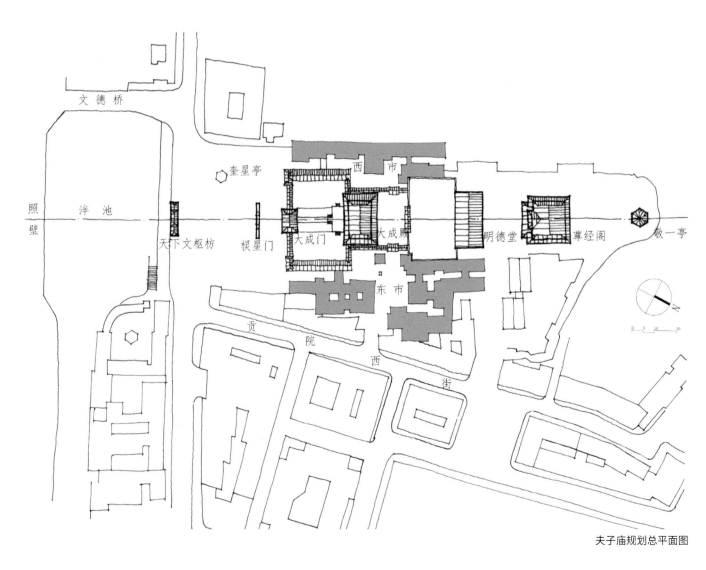

夫子庙规划总平面图

夫子庙东市金陵印社

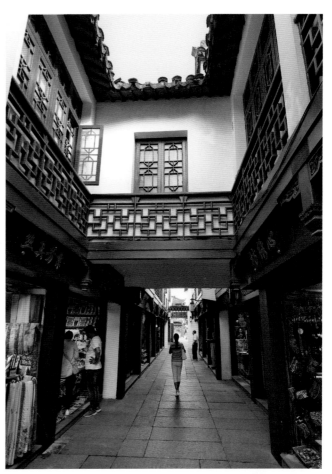

夫子庙东市（摄影：赖自力）

夫子庙西市商业街（摄影：赖自力）

夫子庙大成殿实景（摄影：赖自力）

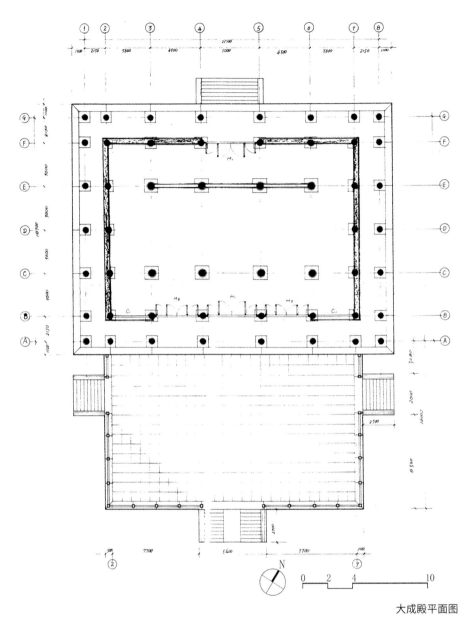

大成殿平面图

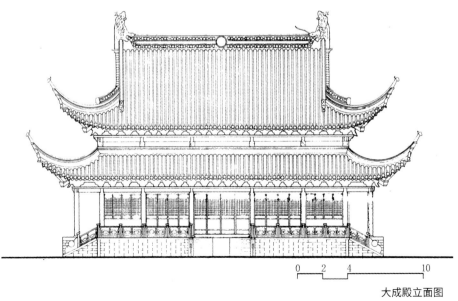

大成殿立面图

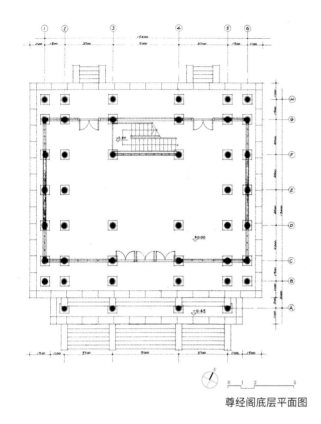

尊经阁底层平面图

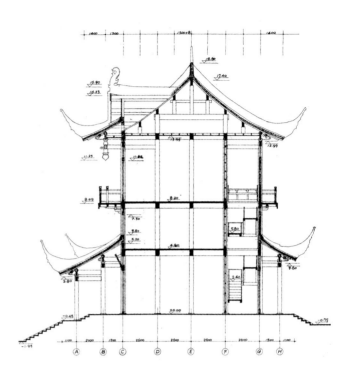

尊经阁剖面图

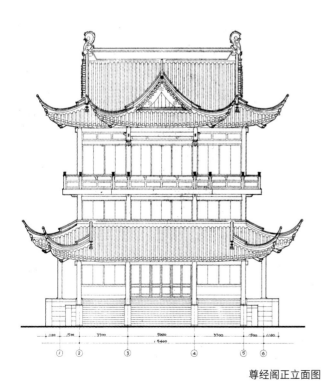

尊经阁正立面图

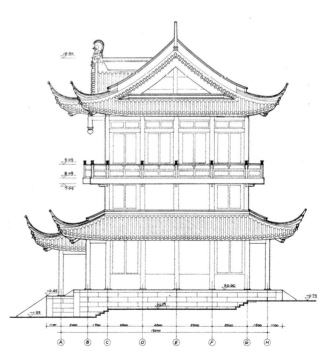

尊经阁侧立面图

42 安庆市历史文化名城保护规划（2009-2030）

名　　称：安庆市历史文化名城保护规划（2009-2030）
地　　点：安徽省安庆市
时　　间：2004
项目负责：吴明伟
项目参加：吴明伟　阳建强　胡明星　王　颖　杜　嵘
　　　　　张　帆　顾媛媛　赖凌瑶　倪　慧　宋　杰
　　　　　陈　苑
规　　模：83600公顷
合作单位：安庆市规划设计研究院

　　作为安庆市申报国家级历史文化名城重要的组成部分，保护规划对安庆成功申报为全国第103座国家级历史文化名城起了至关重要的作用。保护规划对市域及城区的历史文化资源进行了综合分析评价，按照城市总体风貌、历史文化保护区和文物古迹三个保护层次，在市区范围内划定2片历史文化街区、3片传统风貌保护区和4片环境风貌保护区，并划定各级文物保护单位及近现代优秀建筑的保护范围；保护规划突出山、江、城、湖相互交融的城市特色，充分挖掘历史名人、传统艺术、传统商业与老字号、风俗节庆、人生习俗、传统地名等非物质文化遗产，体现安庆悠久的历史和深厚的文化底蕴，为安庆构筑了全面系统的历史文化保护体系。在保护规划的指导下，安庆注意保护古城总体格局，使作为古城总体格局主要特征的地貌、道路格局和功能分区基本保存，古城风貌至今犹存，新增全国重点文物保护单位3处，新公布省级文物保护单位19处，新公布市级文物保护单位44处。在保护规划的指导下修复世

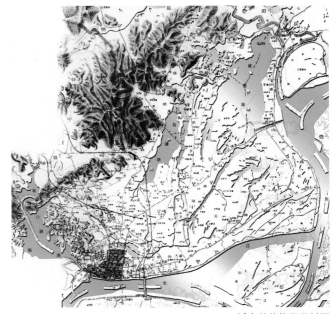

城市总体格局分析图

太史第、探花第、西段古城墙、钱牌楼牌坊、敬敷书院、明伦堂等古建筑，以及原安徽大学红楼、原安徽省邮务管理局大楼、原国民党（左派）安徽省党部大楼和原同仁医院建筑群等一批文物古迹、古建筑。该规划获2005年度建设部优秀城市规划设计三等奖，同年获安徽省优秀城市规划设计一等奖。

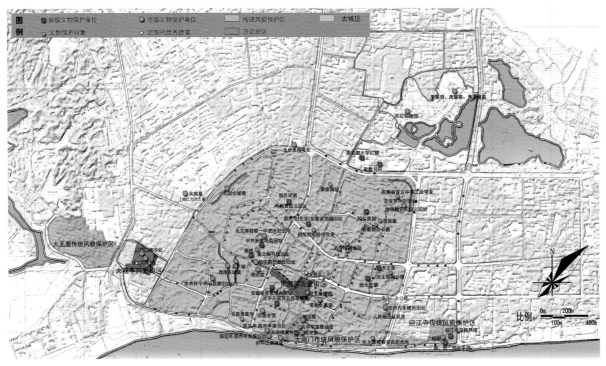

旧城区文物古迹保护规划图

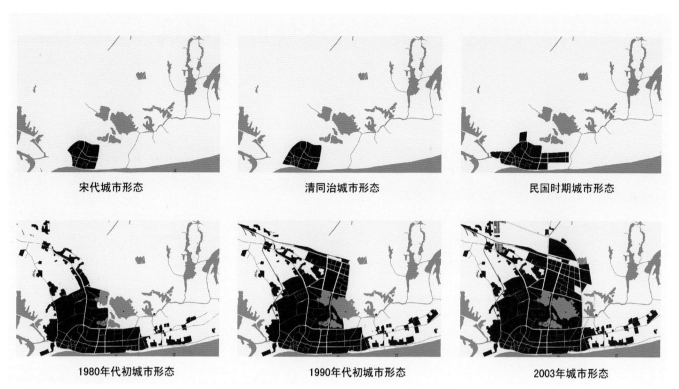

宋代城市形态　　　　　　　　清同治城市形态　　　　　　　　民国时期城市形态

1980年代初城市形态　　　　1990年代初城市形态　　　　　　2003年城市形态

城市形态

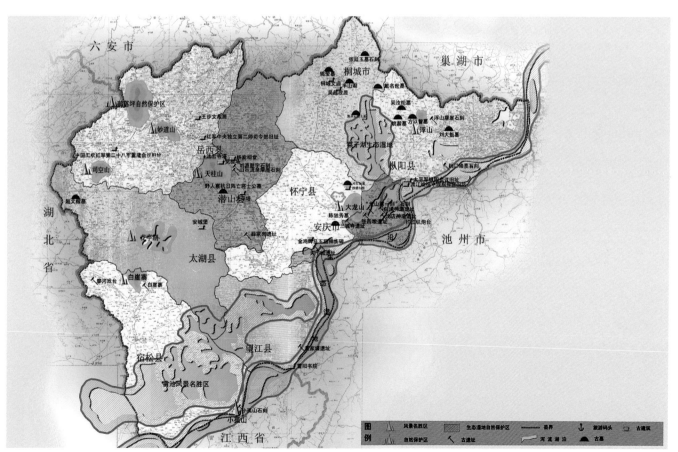

市域文物古迹、风景名胜保护规划图

43 肇庆府城保护与复兴修建性详细规划

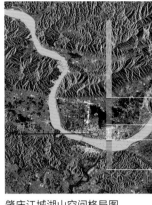

肇庆江城湖山空间格局图

名　　称：肇庆府城保护与复兴修建性详细规划
地　　点：广东省肇庆市
时　　间：2006
项目负责：朱光亚
项目参加：朱光亚　刘博敏　李新建　杨丽霞　李练英
　　　　　张　延　许　凡　朱　峰　王　青
规　　模：61.82 公顷

　　本规划的肇庆府城是指古肇庆府城墙以内及邻近地段，因历来是府署所在的主城中心，故简称府城。本规划目标是在落实历史文化名城保护规划、明确近期具体实施项目设计的基础上，建立府城保护与发展的和谐关系，将保护与地区发展具体化，探寻"在保护的前提下复兴古城，通过复兴深化保护"的历史文化名城可持续保护路径。规划首先是保护具体化，明确物质／非物质、地上／地下、已知／未知的保护对象，调适保护范围，分层级拟定保护方案与措施，在全面保护的基础上，强调对核心历史遗产的保护与展示；其次是相容性功能引入，迁出与保护不相容项目的同时，明确相容性功能的范围，指明利于历史风貌保护与展示的功能发展方向；最后，通过保护与发展相结合、对古城风貌起决定性影响的引领性项目规划设计，引导府城走保护与复兴双赢之路，最终达到在风貌上展现历史文化特色，在功能上复兴府城的中心功能，在环境设施上改善居民生活质量，重塑肇庆府城历史文化品牌。

明嘉靖 《广东通志》 肇庆府城图

清康熙 《肇庆府志》 府城图

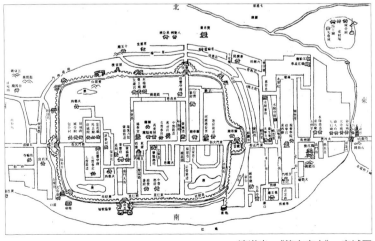

清道光 《肇庆府志》 府城图

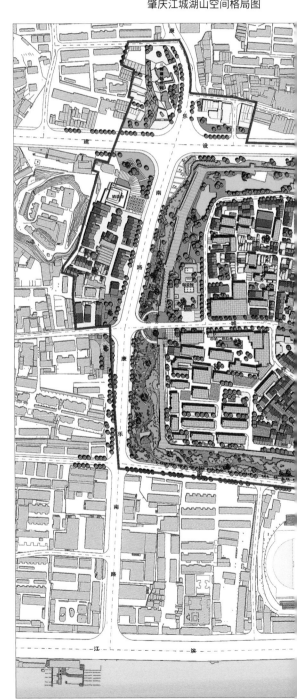

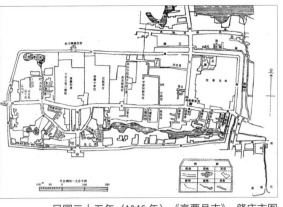

民国三十五年（1946年）《高要县志》肇庆市图

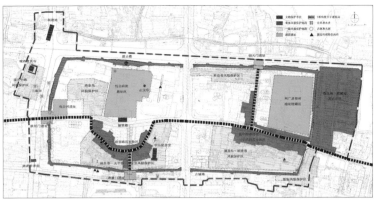

历史遗存保护架构图

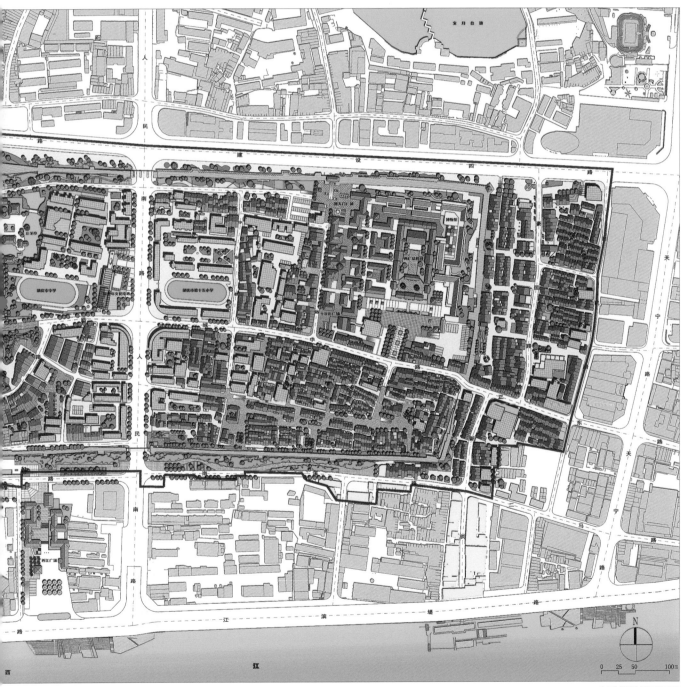

府城规划总平面图

159

实物模型

府衙文化博览区鸟瞰图

府城广场南向鸟瞰图

民国风情区透视图

府前广场透视图

朝天门内透视图

城中路骑楼街透视图

老城风貌区鸟瞰图

44 大同东关古城商业街区规划

名　　称：大同东关古城商业街区规划
地　　点：山西省大同市
时　　间：2008-2009
项目负责：周小棣
项目参加：周小棣　马骏华　沈旸　韩冬青　陈薇
　　　　　相睿　常军富
规　　模：23.76公顷

　　大同东关古城又称为"东小城"，始建于明天顺年间，是大同古城与御河之间的重要屏障。新中国成立后多年的发展中，东小城地区逐渐形成为集中的小商品批发贸易区。但由于缺少规划引导，缺乏保护措施，整个地区环境破败、面貌杂乱，古城墙、传统街巷等历史遗存也在无人经营中被破坏殆尽。本规划既强调古城重塑：历史风貌严格依据现状和历史资料考证；也强调城市复兴：注重现代城市生活和功能的需求，使历史和现代在多个层面积极融合。通过尺度分离、视线控制、界限消除、滨水营建等空间营造手段，将城市水岸与城市街巷等符合现代城市活动的概念引入城池体系和传统风貌建设过程中，营造出兼具传统神韵与现代活力的与历史文化名城相呼应的地标性城市街区。该项目获2011年度教育部优秀工程勘察设计规划设计三等奖。

规划实施前的古城墙与东小城街巷

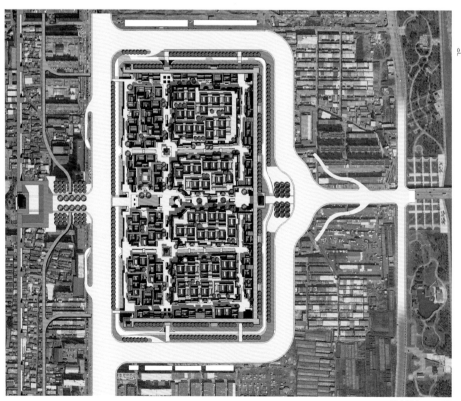

规划总平面图

历史舆图中的东关古城

162

鸟瞰效果图

街景效果图

公共空间效果图

规划沿街立面图

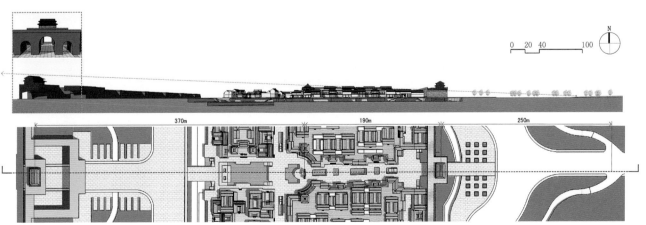

空间视线分析

163

45 扬州东关历史文化街区保护规划

名　　称：扬州东关历史文化街区保护规划
地　　点：江苏省扬州市
时　　间：2007-2009
项目负责：朱光亚
项目参加：朱光亚　刘博敏　姚　迪　李新建　王　元
　　　　　吴美萍　罗　薇　许若菲　庞　旭　朱穗敏　等
规　　模：77.64 公顷
合作单位：扬州市规划局 扬州市城市规划研究院有限公司

　　东关历史文化街区位于扬州古城区东北，是江苏历史文化名城中规模最大的历史文化街区。江苏省建设厅为了引导规划部门解决好历史街区中尖锐的人地矛盾、有效保护街区遗存，于 2008 年制定历史文化街区保护规划编制导则。扬州东关历史文化街区保护规划在 2007 年至 2009 年进行，在省建设厅的关怀下，该规划与导则编制及其成果应用相渗透，分析了街区在城市发展中的态势，针对现存的空间闭塞、历史遗迹萎缩、经济活力和生活质量下降等问题，提出必须扩大保护范围，在导则确定的区内自足原则和最小干扰原则指导下，重点研究了交通和市政设施的更新换代；结合此前德国专家在该地区开展的居民参与活动打下的基础，调动居民的积极性，了解涉及的房产所有权，加上市政府为街区制定了细致的搬迁、回迁及迁入政策，使街区在维系居住功能的前提下疏解了居住密度，也为恢复东关街的商业业态提供了条件；规划深入到修建性详规的某些领域，通过和利益相关企业及城市行政管理部门协商设定引领性项目，为未来街区的业态设置及生命力延续做了布局。规划较好地协调了保护与发展、近期和远期、理想和现实的矛盾，在当时对江苏省历史文化街区的保护规划工作产生了示范性的影响。该规划 2009 年获全国优秀城乡规划设计三等奖，同年获江苏省优秀勘察设计一等奖，2010 年获江苏省第十四届优秀工程设计一等奖。

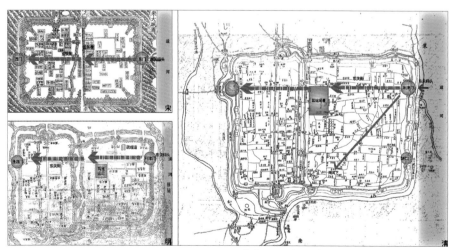

宋代、 明代、 清代街区历史格局演变分析图

图
例　■ 保留建筑
　　■ 新建建筑

总平面规划引导图

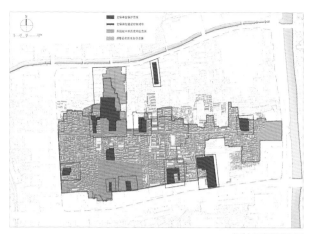

保护区划调整图

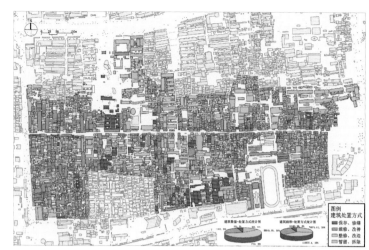

现状建筑保护与处置方式图

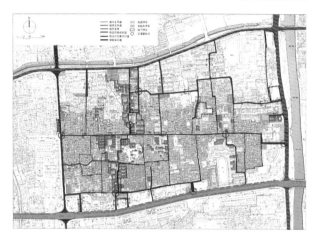

道路交通规划图

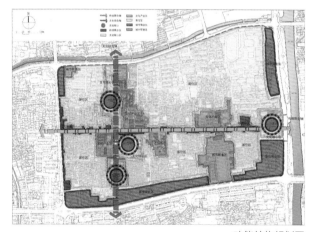

功能结构规划图

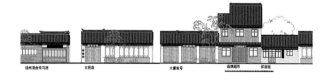

东关街北立面整治规划图（局部）

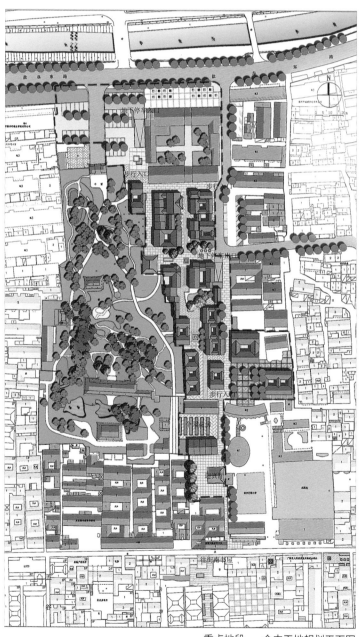

重点地段——个中天地规划平面图

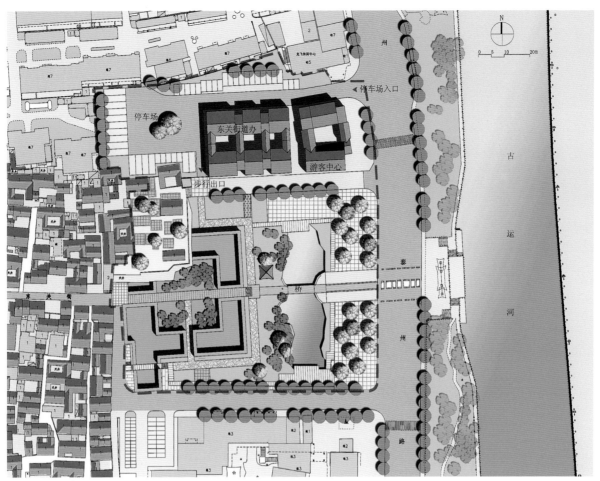

重点地段——东门遗址规划平面图

重点地段——东门遗址规划鸟瞰图

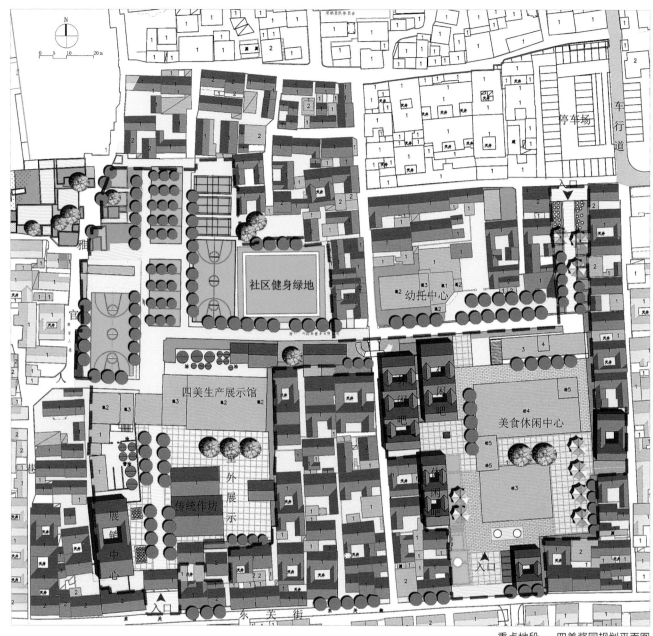

重点地段——四美酱园规划平面图

重点地段——四美酱园规划鸟瞰图

重点地段——街南书屋规划鸟瞰图

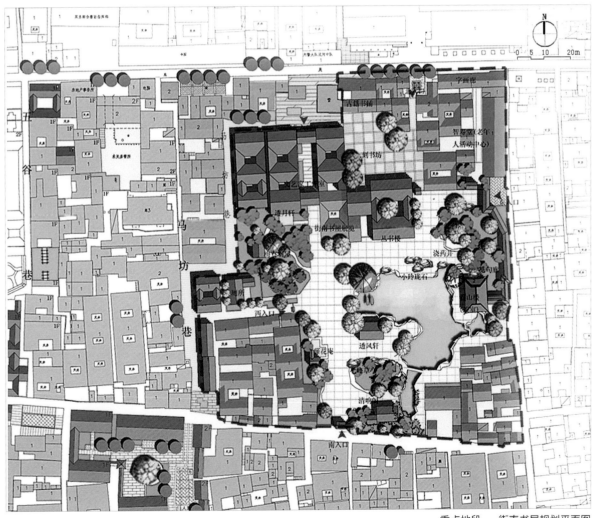

重点地段——街南书屋规划平面图

46 宜兴历史文化名城保护规划（2009-2020）

名　　称：宜兴历史文化名城保护规划（2009-2020）
地　　点：江苏省宜兴市
时　　间：2009-2012
项目负责：李新建
项目参加：李新建　朱光亚　吴美萍　王　元　宋剑青
　　　　　李　倩　等
规　　模：199600公顷

宜兴历史文化名城保护规划是推动宜兴市先后列入江苏省和中国历史文化名城的重要基础，并于2010年4月经江苏省人民政府批准公布，成为名城保护管理工作的法定依据。

该规划首次研究揭示了宜兴具有"市"独立于"城"发展的独特"双城"格局，其中宜城自秦以来是行政和文化中心，选址于"广川之上"，具有典型古代城圈结构和田字形路网形态，丁蜀在明清以后因制陶业勃兴逐渐成为手工业和经济中心，依托矿山和水运发展出自由的"山核水轴"空间形态，二者隔龙背山相望，以蠡河相连，共同构成了宜兴"中国陶都、江南水城"的历史文化内涵，体现了古代资源型手工业中心城市在空间格局上的特殊性，具有较高的城市史研究价值。在此基础上，规划突破单一历史城区的常规，创造性地划定宜城和丁蜀两片历史城区，并因地制宜将紫砂陶文化遗产体系作为宜兴历史文化保护的首要层次，涵盖能够体现紫砂陶瓷文化对本地区影响的所有物质、非物质文化遗产，跨越历史城区、历史文化街区和文物古迹三个空间层面，提出了体系完整、特色鲜明的保护管理和展示措施。此外，规划调研过程中首次发现宜兴古城城砖、1936年宜兴县地籍原图和葛鲍聚居地历史文化街区，为宜兴城市发展提供了新的重要史料和实物证据。

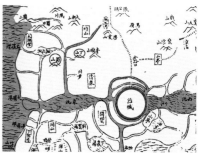

清雍正 《宜兴县志》 中的宜城和丁蜀

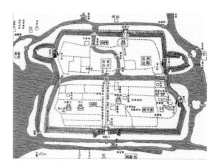

清雍正 《宜兴县志》 中的宜城图（重绘）

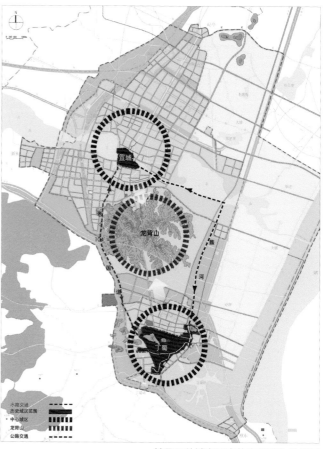

1936年宜城地图（重绘）

1985年宜城和丁蜀地图

兼具两种城市形态的陶都结构分析图

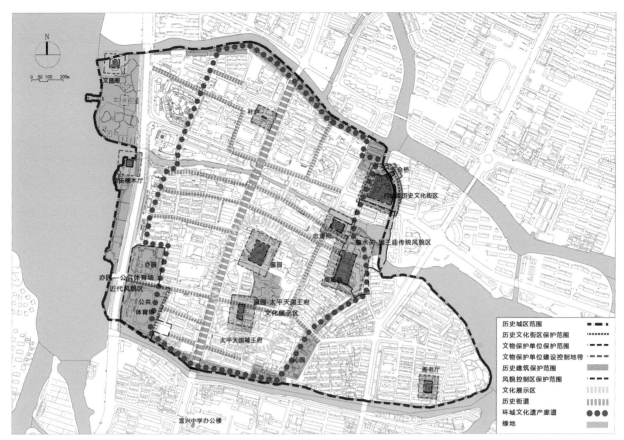

宜城历史城区保护规划图

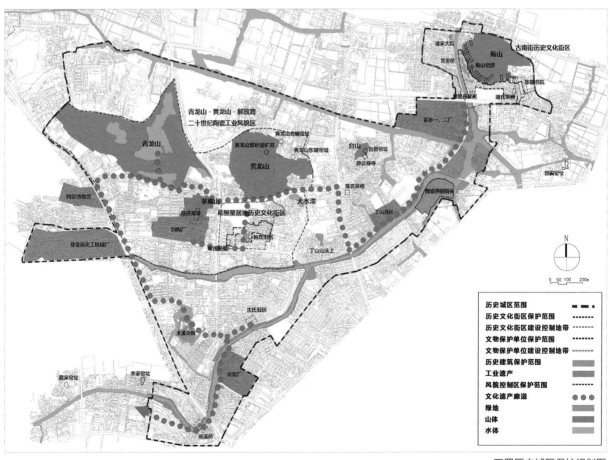

丁蜀历史城区保护规划图

47 呈贡老城历史文化街区保护规划（2012-2032）

名　　称：呈贡老城历史文化街区保护规划（2012-2032）
地　　点：云南省昆明市
时　　间：2010-2013
项目负责：胡　石
项目参加：胡　石　龚曾谷　金　勇　王续韬　唐晓兰
　　　　　田梦晓　魏晋源　王思文　王嘉琪　徐振欢
　　　　　杨　升　赵音甸
规　　模：49.05公顷

呈贡老城历史文化街区是历史上呈贡县城所在，城始于明初洪武，成形于清乾隆年间，依山筑城，街就山势。规划梳理了历史上的洛龙河水系格局，结合排水明沟，恢复历史上的清水沟（穿城河）和浑水沟（即护城河）构成的排水灌溉系统，也构成老城的主要景观系统。通过不同方式表达城墙和城门体系，恢复原有的山城关系。在恢复传统四街二巷格局的基础上，通过南侧和西侧的景观廊道重新构筑山街一体的空间格局。保留规划区内的主要巷弄和公共活动空间并适当增加公共活动空间，形成"以山为主，一核多点"的公共活动空间系统。规划在提升公共性的同时，保持一定比例的居住形态，便利居民生活，完善基础设施，复兴文化。

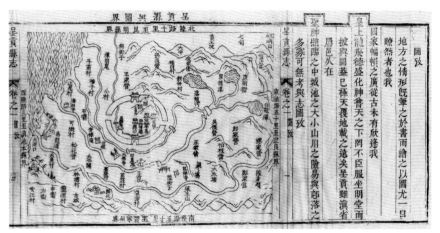

《呈贡县志》 舆地图

呈贡古城历史水系沿革

呈贡老街区位与昆明主城区关系图

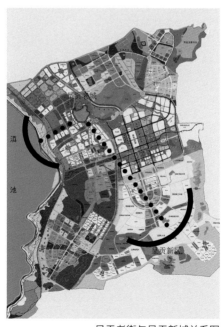

呈贡老街与呈贡新城关系图

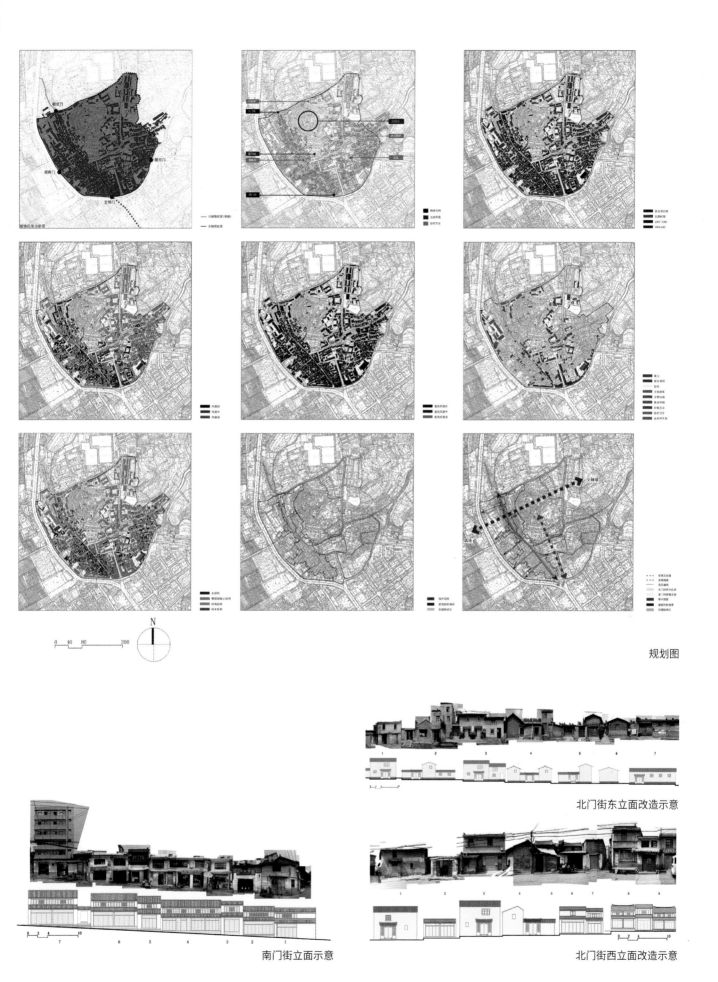

规划图

北门街东立面改造示意

北门街西立面改造示意

南门街立面示意

N

0 40 80 200

173

48 祁县谷恋历史文化名村保护规划

2001年谷恋村航拍图

名　　称：祁县谷恋历史文化名村保护规划
地　　点：山西省晋中市
时　　间：2011-2012
项目负责：李新建
项目参加：李新建　朱光亚　刘博敏　张剑葳　李　岚
　　　　　吕明扬　宋剑青　赵　越　严　鑫　魏亚文
　　　　　王璧君
规　　模：379.2公顷

　　谷恋历史文化名村保护规划是中国历史文化名村——山西省祁县谷恋村历史文化保护工作的法定依据。规划具有研究性与可操作性相结合的特色，克服村庄历史记载缺乏的劣势，从祁县及周边市县方志和晋商、晋剧、寨堡、科举等大量相关文献中发掘史料，与村志、家谱、民间收藏及实地勘察、村民访谈相结合，揭示其"太极圜圌堡、礼乐儒商村"的价值特色和"七星拱月、一水绕村"的历史格局。通过全面普查、详细测绘和工匠访谈，提出了符合地方特色的建筑风貌保护控制要求，如强调控制院墙的高度、封闭度和材料色彩，延续瓦房、闷房、平房、明楼、筒楼等本地建筑形式，保持"前三后五"、"东不空"、风水楼等院落布局特色；市政规划采取多种适宜性技术，以地面径流、传统边沟、渗水井和雨水收集湿地相结合，污水采用双瓮漏斗式户厕等分户处理技术，消防采用消防车道与推车消防泵自救相结合等；注重与相关规划和周边地区的衔接，对新农村规划建设用地进行调整以兼顾发展和保护需求，整合周边历史文化资源，构建展示我国北方古代"县城—镇—村堡—大院"聚落体系的特色旅游线路。该项目获2013年度山西省优秀城乡规划设计二等奖。

清末谷恋堡大东渠图（局部）

光绪谷恋《高氏宗谱》首页

晚清谷恋村私立广智学堂旧照

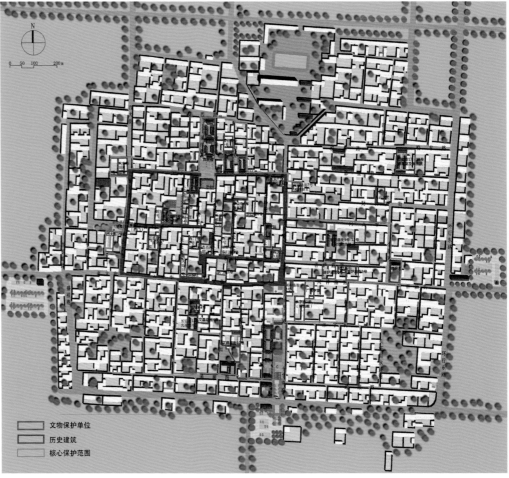

文物保护单位
历史建筑
核心保护范围

保护规划总平面图

174

重绘清末谷恋堡大东渠图

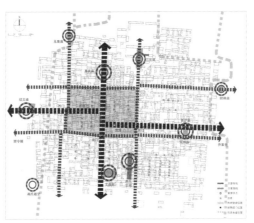

村庄历史格局分析图

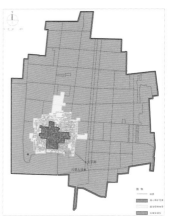

村域保护区划图

村庄用地功能规划图

建筑处治方式图

公共空间节点整治图——真武庙

公共空间节点整治图——挹霞门

村庄核心区现状鸟瞰照片

49 窑湾镇西大街、中宁街历史文化街区保护规划

名　　称：窑湾镇西大街、中宁街历史文化街区
　　　　　保护规划
地　　点：江苏省新沂市
时　　间：2011-2013
项目负责：刘博敏
项目参加：刘博敏　顾周琦　李佳静　左　为
　　　　　王竞楠　汪　艳　朱安宁　徐　静
规　　模：规划用地面积 17.63 公顷；建筑面积
　　　　　79500 平方米

　　窑湾是苏、鲁、豫、皖地区空间环境形态
保存最为完整的运河古镇，清代民国年间运河最
为繁华商埠镇码头之一，是江苏北部地区运河文
化、黄淮地域古镇历史文化的代表。规划以中宁
街、西大街两个历史文化街区为核心，是窑湾运
河古镇文化遗存最为集中的地区。在历史遗存保
护、地区生活改善和旅游发展需求的多元背景下，
规划注重原真的历史文化价值发掘，突出保护措
施可操作性，合理注入复兴地区活力，促成地区
保护与旅游功能成长。规划理念上，改变传统静
态保护的范式，强调文化的延续性和功能的现代
性，主张"活态"的保护。规划措施上，在明确
历史文化特色价值的基础上，充分发挥运河文化
在整体风貌、建筑形式、功能发展、自然环境等
方面的特色引导，将保护内容从建筑遗存扩展到
"河巷街"空间格局，将保护对象从古代历史遗存
扩展到近代工业建筑遗存。规划实施上，对前期
保护与建设实践进行评议，在建筑保护修缮、环
境改善、旅游发展方面提出有针对性保护与建设
措施。地方政府在规划的指导下，加强对文化遗
存的保护工作，对有文化价值的历史遗存设立档
案，注重文化物质载体的保护先行，通过修缮、
修复等手段，提升文化载体的功能效益。该项目
获 2013 年江苏省城乡建设系统优秀勘察设计二
等奖，2014 年度江苏省第十六届优秀工程设计二
等奖。

规划平面图

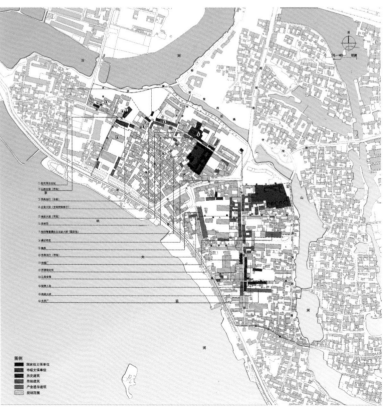

历史资源图

保护规划实施后古镇鸟瞰

保护规划实施后锁关风貌

177

IV

全国重点文物保护单位保护规划

此处列入的均为全国重点文物保护单位的保护规划及其后续性的设计工作，这类项目都包含着较设计更为广阔的视野和前瞻性的展望，若干项目从开始到结束都要好几年甚至十几年以上。某些巨系统的文物保护单位的保护问题涉及土地、人口、行政管理、产业形态等，因而必须通过规划者协调多个系统多个专业和部门才能梳理出头绪，并找出对文物的威胁因素、制定对策和措施，同时确定发展定位等。这些工作是近年保护工作的重点，也充分发挥了东南大学建筑历史研究积淀深厚、善于跨学科合作的作用，社会影响力大。

50 全国重点文物保护单位明孝陵保护规划 (1993-1996、2016-2035)

名　　称：全国重点文物保护单位明孝陵保护规划
　　　　　（1993-1996、2016-2035）
地　　点：江苏省南京市

一、南京明孝陵保护规划
时　　间：1991-1992
项目负责：潘谷西
项目参加：潘谷西　丁宏伟　龚　恺　孔祥民　万里春
　　　　　魏正瑾　韩品峥　衣志强　陆小芳　潘永年
　　　　　李修臻　王前华　刘维才　刘居福 等
规　　模：296.25 公顷
合作单位：南京市文管会 中山陵园管理处

二、全国重点文物保护单位明孝陵保护规划
时　　间：2013-2017
项目负责：朱光亚
项目参加：朱光亚　白　颖　邓　峰　陈建刚　胡　石
　　　　　陆　浩　吴　钢 等
规　　模：353 公顷
合作单位：中山陵园管理局

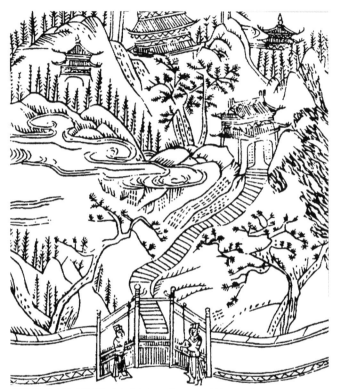

明朝南京书坊刻制的明孝陵版画（来源：王前华.明孝陵旧影.南京：南京出版社，2004）

　　南京明孝陵是明代第一位皇帝朱元璋和马皇后的陵寝，是中国陵寝制度的转折点，在选址和布局上开创了帝陵新制，影响了明清两代五百余年的陵寝制度，是南方文化对官式制度产生深刻影响的例证。1961 年 3 月被公布为首批全国重点文物保护单位，2003 年 7 月，列入世界文化遗产名录。

　　历经明末以来的人为破坏、风雨侵蚀以及太平天国的战火，明孝陵破坏严重，古建筑严重残损，反映陵寝制度的总体布局与空间序列被破坏。1991-1992 年，在南京市文管会和中山陵园管理处的委托下，潘谷西先生等对明孝陵进行了保护规划，通过仔细的实地勘察，梳理了明孝陵的空间序列，分析了东陵的位置，这为后来的考古发掘所证实。1990 年代的保护规划，为明孝陵划定了二级保护范围，通过交通的梳理与调整，封闭了石像生路的机动车道，确定了孝陵各建筑的保护措施。该规划 1992 年公布，在之后的二十余年里，对明孝陵的保护起到了非常重要的指导作用，规划确定的多项措施也得以相继实施。

　　21 世纪后，明孝陵因其重要的价值被列入世界文化遗产。随着社会的发展，人们对文化遗产重要性的认识也随之加强，这对明孝陵的保护提出了更高的要求。2013 年重新编制的明孝陵保护规划，在价值认知上，立足于世界文化遗产的普世意义，强调除了本身的文物价值之外，明孝陵及其环境对于过去、现在和未来的南京有着重要的社会意义和文化价值。从这一认识出发，本次规划认为体现明孝陵陵寝形制的空间序列尤其重要，自然环境与附属遗产的整体性是明孝陵丰富内涵的重要组成部分。通过与规划部门的对接与商讨，重新调整了保护范围，将下马坊至大金门的神道区纳入保护范围，并将自然环境与附属重要遗产纳入建设控制地带和地下文物重点保护区。在保护管理方面，分析了不同驻区单位对明孝陵大遗址保护、管理的影响，并探索了保护管理模式与监督机制。目前规划仍在修改过程中。

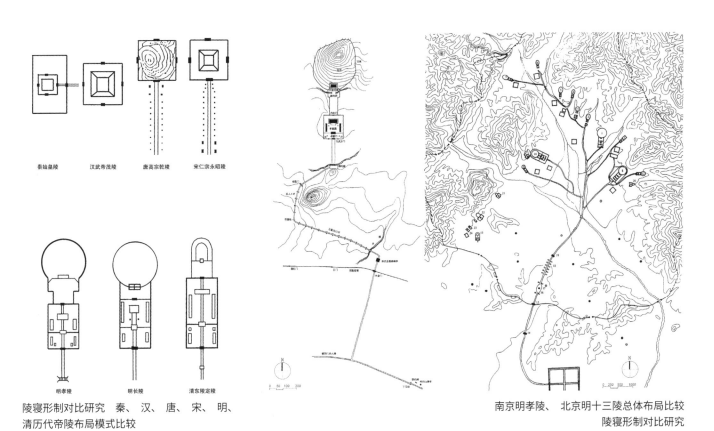

陵寝形制对比研究　秦、汉、唐、宋、明、
清历代帝陵布局模式比较

南京明孝陵、北京明十三陵总体布局比较
陵寝形制对比研究

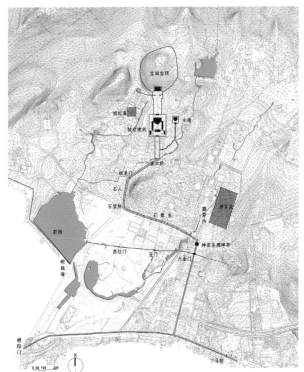

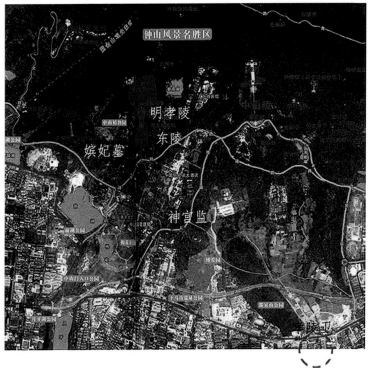

明孝陵格局复原研究

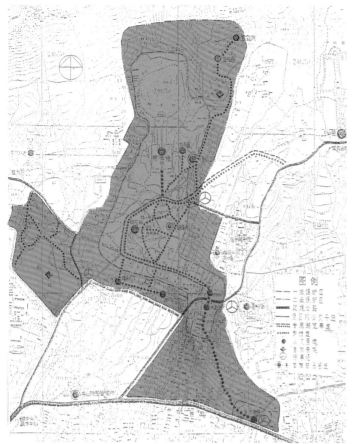

明孝陵保护区划（1991-1992）

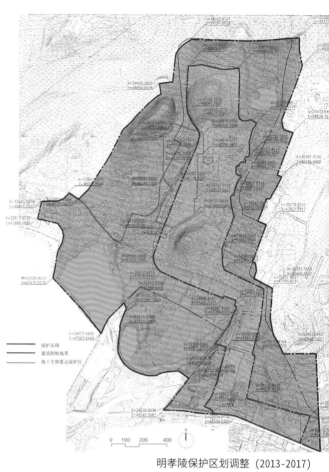

明孝陵保护区划调整（2013-2017）

神功圣德碑亭修缮前
1991-1992 明孝陵保护规划的实施

神功圣德碑亭修缮后
1991-1992 明孝陵保护规划的实施

明

民国

2015 ■ 黄国 ■ 1950-1980 ■ 1980-2015

保护　保持现状　拆除或部分拆除

步行神道　机动车道

明孝陵下马坊 - 大金门区域神道恢复可行性研究

方城明楼修缮后（设计： 郭华瑜）
1991-1992 明孝陵保护规划的实施

51 全国重点文物保护单位永昌堡保护规划

名　　称：全国重点文物保护单位永昌堡保护规划
地　　点：浙江省温州市
时　　间：2002
项目负责：朱光亚
项目参加：朱光亚　胡　石　乐　志　蒋　澍　李新建
　　　　　白　颖　刘　捷　徐　琦　郑　军　张　森
　　　　　袁　辉
规　　模：0.89公顷

　　永昌堡位于温州市区东南方向的瓯江三角洲平原上，始建于明嘉靖年间，现仍遗存较为完整的城堡形态。永昌堡作为一个极为特殊的国家级文保单位，是因为其周边37公顷的绝对保护范围，也是因为至今仍有5000余人在堡中居住劳作，更是因为整个古堡和周边地区正处于当代城市化进程的边缘。因而保护规划必须在严格依据文物保护的基本准则、遵循文物法的前提下，充分考虑发展的可能，充分考虑如何使这一地段摆脱历史的负面影响，更好地融入不可逆转的城市化进程，重新焕发活力。单体建筑保护和完整风貌的形成，传统空间格局的留存和当代城市生活方式的要求，历史印记、现实状况与理想状态的交错，如何处理这一系列矛盾就成为规划中首要解决的问题和探讨的中心。在对传统格局和重要历史文化遗存充分调查评估的基础上，保护规划通过重新划定保护范围和建控地带来明确保护对象与措施，采用多种手段尽可能解决传统格局风貌与现代城市生活需求的矛盾问题。该项目获2005年中国文物信息咨询中心、中国古遗址保护协会的"全国十佳文物保护工程勘察设计方案及文物保护规划"奖。

明代抗倭卫所体系与永昌堡位置

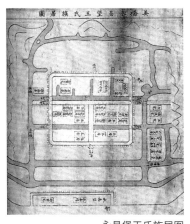

永昌堡王氏族居图

永昌堡台门、　王家坟、　米粉作坊

都堂第侧立面

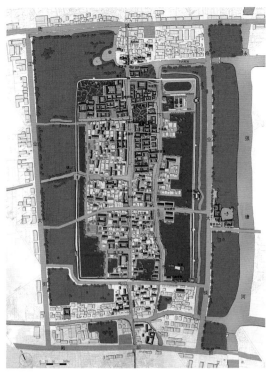

永昌堡保护规划总图

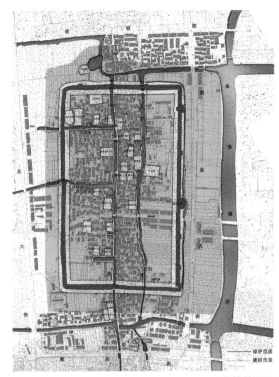

保护范围图

用地规划图

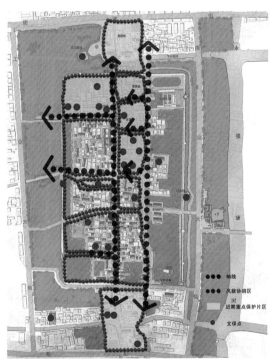

保护框架图

52 全国重点文物保护单位平顶山惨案遗址保护规划 (2005-2025)

名　　称：全国重点文物保护单位平顶山惨案遗址保护规划
　　　　　（2005-2025）
地　　点：辽宁省抚顺市
时　　间：2005
项目负责：周小棣
项目参加：周小棣　沈旸　马骏华　李向东　张剑葳
　　　　　相睿
规　　模：21.26公顷
合作单位：辽宁省文物保护中心

平顶山惨案遗址位于辽宁省抚顺市东洲区南昌路，是国内唯一展示抗日战争时期日军罪行的屠杀现场的原状态遗址，它见证了1932年日本侵略者屠杀3000多中国民众这一震惊中外的惨案，具有较强的历史价值和社会影响力。

平顶山惨案遗址是平顶山惨案历史事件发生的物质载体，但现存遗址曾遭到破坏，存在诸多缺失，不能完全展现惨案发生的全部历史过程。为了延续文物的完整性和真实性，将碎片化的历史遗迹和信息串联成为整体，充分展现遗址的文物价值和社会价值，规划由遗址作为近现代史迹的特点出发，以整个事件发生的全过程作为主线，通过对遗址现状的仔细调研和大量历史信息的梳理，还原整个历史事件发生的时空过程，并逐一将事件过程与现有的文物本体和环境进行对照，寻找现存遗址的缺环，并据此保护遗址细节、还原遗址结构全貌，使遗址的真实性得以延续、遗址对事件发生的表述更加完整，使遗址本身更具说服力和震撼力。本规划经实施后文物本体的影响力得到了很大提升，为以事件性串接遗址展示的方式提供了一个很好的示范。该项目获2011年度教育部优秀工程勘察设计规划设计一等奖。

保护规划总平面图

整治前的园区鸟瞰

整治后的平顶山惨案遗址纪念馆园区鸟瞰

改造前的遗骨馆

改造后的遗骨馆

整治前的遗骨坑

整治后的遗骨坑密闭保护和展示

187

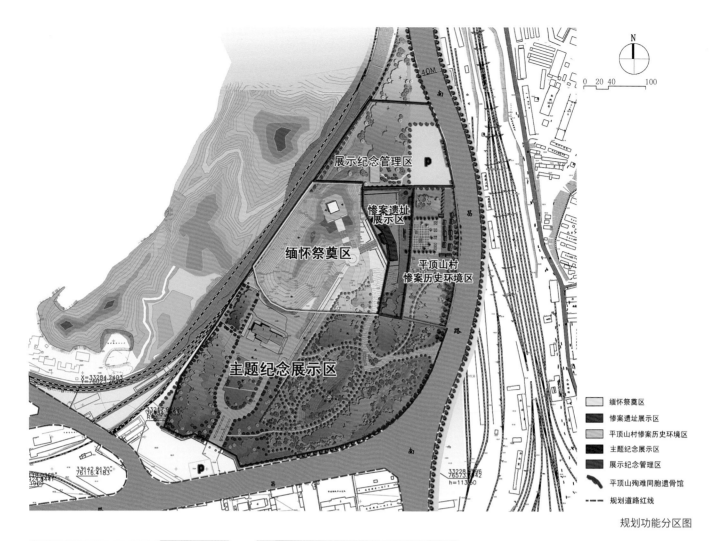

展示纪念管理区

惨案遗址
展示区

缅怀祭奠区

平顶山村
惨案历史环境区

主题纪念展示区

南昌路

南昌路

40M

N

0 20 40   100

☐ 缅怀祭奠区
■ 惨案遗址展示区
☐ 平顶山村惨案历史环境区
■ 主题纪念展示区
■ 展示纪念管理区
🪶 平顶山殉难同胞遗骨馆
--- 规划道路红线

规划功能分区图

新建纪念馆主入口　　　　　　　　　　新建纪念馆室内展陈

新建纪念馆正立面

入口雕塑

幸存者碑苑

整治后的纪念碑广场

N

0 20 40 100

▶ 出入口

▶ 规划参观路线

展示纪念管理区

缅怀祭奠区

遗址展示区

惨案历史

环境区

主题纪念区

展示流线：

近期由南向北：
南入口停车→主题纪念展示区→缅怀
祭奠区→惨案遗址展示区→平顶山村
惨案历史环境区

远期由北向南：
展示纪念管理区→平顶山村惨案历史
环境区→惨案遗址展示区→缅怀祭奠
区→主题纪念展示区

近期、远期区内展示路线均为步行。

展示规划图

53 全国重点文物保护单位罗通山城保护规划 (2006-2026)

名　　称:全国重点文物保护单位罗通山城遗址保护规划（2006–2026）

地　　点：吉林省通化市

时　　间：2006

项目负责：张十庆　查　群

项目参加：张十庆　查　群　陈　涛　张明皓　吴修民

项目顾问：傅清远

合作单位：中国文物研究所

规　　模：约540公顷

　　罗通山城位于中国吉林省柳河县城东北25公里罗通山镇与圣水镇交界处的罗通山顶部。罗通山城是高句丽山城的重要实例之一，是位于高句丽王都通往北部松辽平原的交通要道上的重要城市。根据现有研究，罗通山城约始建于魏晋时期，高句丽灭亡后，为辽、金沿用。该城址规模较大，形式独特，由紧密相连的东西两城组成，全城周长7.5公里，是高句丽"左右城"式山城的典型代表。罗通山城为研究高句丽的交通状况与高句丽以山城为主的军事防御体系提供了重要资料，对于研究高句丽的城市建置、建筑技术、防御体系以及高句丽与中原及其他少数民族的关系等有着重要的价值，是高句丽文化遗产的重要组成部分。2001年，罗通山城被国务院公布为第五批全国重点文物保护单位。

　　罗通山城保护规划的范围包括罗通山城及其周边区域，保护对象包括文物本体、遗址风貌和周边环境三个方面。罗通山城面积较大，为加强保护措施的针对性，划定重点保护区。从文物本体保护角度来看，城墙、城门等遗迹是保护重点；从城市格局来说，罗通山城的三个中心区域：西城中央盆地、西城北门附近台地和东城中央盆地是保护重点。针对文物本体、遗址区风貌以及周边环境，制定相应的保护措施，以及展示原则和主题。

罗通山全貌远观

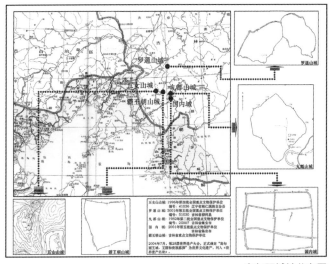

高句丽城址分布图

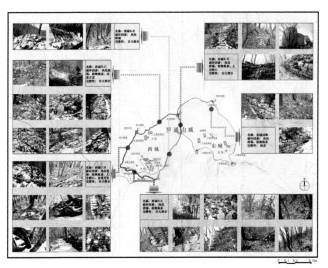

城墙现状分析图

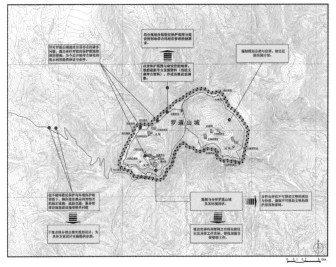

保护规划总图

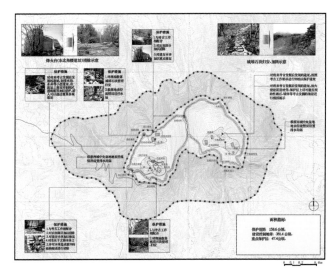

保护措施图

54 全国重点文物保护单位南京明城墙保护

名　　称：全国重点文物保护单位南京城墙保护
地　　点：江苏省南京市
合作单位：南京市文物局 南京市规划局 南京市园林局 南京市
　　　　　住建局 南京城墙保护管理中心

南京城墙 1988 年 1 月被国务院公布为第三批全国重点文物保护单位，总长 35.267 公里，现存 25.091 公里；外郭原长 60 公里，现存走势 43 公里。其规模和长度不仅在中国古城中居首，也是世界第一。南京城墙创造性地将自然与人工结合、保护利用与拓展建设相结合、传统礼制与依法自然相结合，具有独特的历史、科学、艺术价值和人类智慧结晶的普适性价值。东南大学项目团队近 10 年来持续开展南京城墙的保护工作，完成："全国重点文物保护单位南京城墙保护规划（2008-2025）"编制和修编，江苏省人民政府于 2016 年正式公布，成为全面指导南京城墙保护与展示及其管理的法律性

文件，对于历史文化名城南京的保护与发展起到重大作用，包括指导正在开展的南京城墙的修缮工作；完成："南京明外郭沿线地区规划设计及示范段修建性详细规划"，第一次将外郭作为南京明城墙四重城的体系之一加以保护，不仅对南京城墙历史认知进行了深化，也特别在城市化进程中对外郭沿线地区的保护与发展、资源利用与整合，提升南京城墙的特殊地位，发挥了重要作用，目前有序保护，逐步实施，将在未来形成世界最长的绿廊，规划设计获中国城市规划协会 2015 年度全国优秀城乡规划设计奖（风景名胜区规划类）二等奖、2015 年江苏省城乡建设系统优秀勘察设计一等奖；完成"南京城墙沿线城市设计"，由东南大学建筑学院历史与遗产保护、城市设计、建筑设计、风景园林、城乡规划的著名教授合力完成，在将文物建筑保护如何与现代城市发展相协调方面进行了创新性的重要探索，实施效果显著，并将长期和持续指导南京相关的城市建设。

一、全国重点文物保护单位南京城墙保护规划
　　（2008-2025）
时　　间：2007-2009，2015-2016（修编）
项目负责：陈　薇
项目参加：陈　薇　诸葛净　贾亭立　张剑葳
　　　　　钟行明　是　霏　杨　俊　薛　垲；
　　　　　陈　薇　是　霏（修编）
规　　模：2081.07 公顷

保护区划与管理范围图

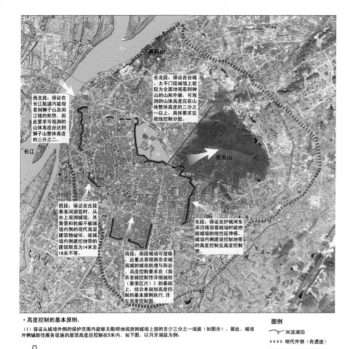

西北段：保证在长江航道内能够观看到狮子山及阅江楼的形态。因此要求可观测的山体高度应达到狮子山整体高度的三分之二。

东北段：在台城、太平门段城墙上能较为全面地观看到钟山的山形外貌，可观测的山体高度应在钟山整体高度的二分之一以上。具体要求见视线控制分图。

西段：保证在此段秦淮河游览时，从水上观看城墙，其背景和轮廓不被城墙内侧的现代高层建筑物破坏、故城墙内侧建设控制地带的建筑限高为14米至18米不等。

南段：南段城墙可登临，应重点表现南京老城南的城市肌理与形态。高度控制要求在《南京老城控制性详细规划（秦淮区片）》的基础上，结合本规划高度控制的基本原则执行，详见高度控制图。

东段：保证在护城河东岸边游览看城墙时能把握城墙的线性延伸感。城墙内侧建设控制地带的高度控制见高度控制图。

· 高度控制的基本原则：
(1) 保证从城墙外侧的保护范围内能够无阻碍地观测到城墙上部的至少三分之一墙面（如图示）。照此，城墙外侧辅助性服务设施的屋顶高度应控制在5米内。如下图，以月牙湖段为例：

服务设施屋顶高度控制在5米内
保护范围　建设控制地带

(2) 保证在城墙外侧的保护范围内观测城墙，其背景和轮廓不被城墙内侧的现代高层建筑物破坏。
(3) 对于能够登临的城墙段，保证其内侧建设控制地带内的建筑高度低于该段城墙墙面，以保证城墙本体及其环境的安全和历史风貌。
原则(2)(3)如下图所示，以西水关段为例：

城墙高14.5米　建筑限高14米
建设控制地带　保护范围　建设控制地带
15米　50米

图例
～ 河流湖泊
▦▦▦ 明代外郭（有遗迹）
▦▦▦ 明代外郭（无遗迹）
── 明代内城墙（有遗存）
□□□ 明代内城墙（无遗存）

N

0 1000 2000 5000

高度控制原则分析图

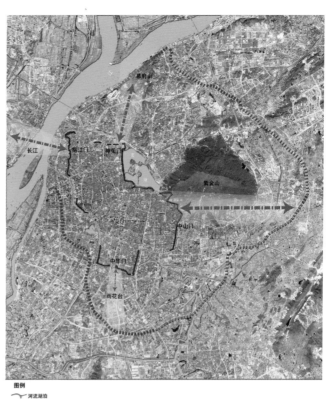

图例
～ 河流湖泊　　　　　　　中华门—雨花台
▦▦▦ 明代外郭（有遗迹）　中山门—紫金山—外郭
▦▦▦ 明代外郭（无遗迹）　神策门—幕府山
── 明代内城墙（有遗迹）　挹江门—长江
□□□ 明代内城墙（无遗存）
□ 明代皇城遗址
▨ 明代宫城遗址

N

0 1000 2000 5000

视廊控制图

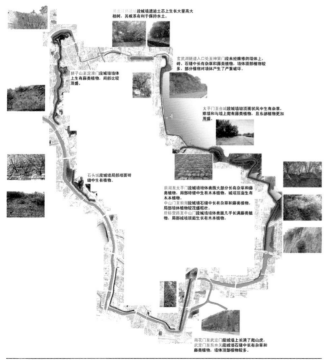

图例
◤ 需要清理植物的城墙段　　▨▨▨ 需要保留或补植植物的城墙段

清理对象	不良影响	整治办法
乔木	多数乔木根系发达，具有强大的破坏力，长在城墙基部的乔木能破坏劳力场基和砌体墙。长在城墙砌体附近的也会使墙面干枯脱落。过于高大的树木会对城墙造成遮挡，不利于人们发现和欣赏高大的城墙。	清理城墙上的乔木。对于两城墙墙根附近的树木可以适当清除或移植。建议保留两城墙上的乔木，若其不会破坏墙体主体者应该部分保留的树木。部分生长状况不小干枯者。
藤本植物	它的根系可能破坏城墙的稳定性，植物破坏程度本身依据勘察具体情况。部分藤本植物有的长在城墙上会使墙体的稳固性降低，同为城墙的生长提供了温床，典型种类、爬山虎。	建议实际情况实验来控制藤蔓植物对城墙的影响。控制藤本和本植物生长，经常情况，生长久的老根被性较大。萎芽

N

0 500 1000 2000

城墙本体绿化措施

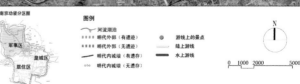

明南京功能分区图
军事区
皇城区
居住区

图例
～ 河流湖泊　　　　　　● 游线上的景点
▦▦▦ 明代外郭（有遗迹）　── 陆上游线
▦▦▦ 明代外郭（无遗迹）　── 水上游线
── 明代内城墙（有遗存）
□□□ 明代内城墙（无遗存）

N

0 1000 2000 5000

明遗址游线图

二、南京明外郭沿线地区规划设计及示范段修建性详细规划
时　　间：2009-2011
项目负责：陈　薇　王建国　王晓俊　陈　宁
项目参加：陈　薇　王建国　王晓俊　陈　宁　高　源
　　　　　沈　旸　朱　渊　俞海洋　朱彦东　蔡凯臻
　　　　　周武忠　黄羊山　诸葛净　是　霏　贾亭立
　　　　　赵效鹏　张　弛　冯耀祖
规　　模：1690.1公顷

总平面图

01 金川门桥头公园
02 上元门公园
03 幕府山公园
04 燕子矶一观音门风景区
05 产业遗产景观走廊
06 尧化门公园
07 聚宝山公园
08 龟山外郭遗址公园
09 外郭本体景观展廊
10 萧宏墓园
11 跑马场度假旅游中心
12 麒麟关高地公园
13 六朝石刻主题公园——初宁陵
14 生态艺术长廊
15 中央公园
16 农耕文化地景公园
17 上方门水上公园

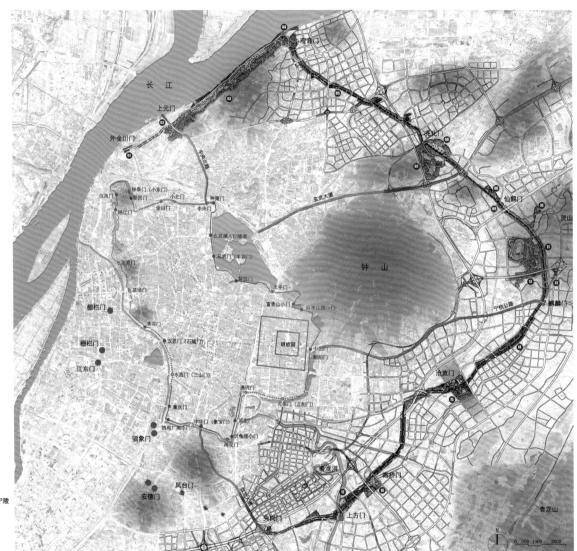

明外郭沿线地区总体规划图

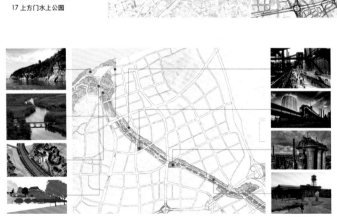

和燕路至纬一路段以观音门复建为起点

聚宝山公园和保存良好的外郭段结合

194

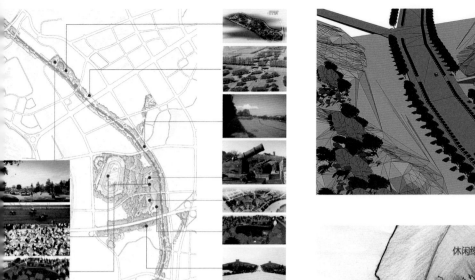

观音门节点设计

外郭东段将人文和自然遗存贯穿

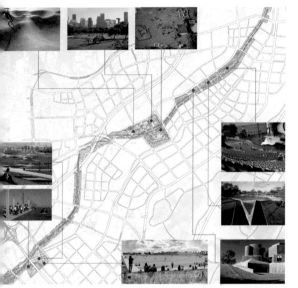

外郭和麒麟生态城相联系

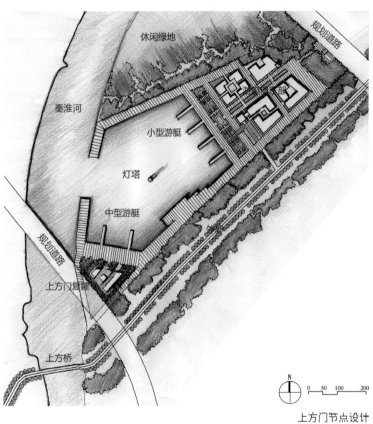

休闲绿地

规划道路

秦淮河

小型游艇

灯塔

中型游艇

上方门复廊

规划道路

上方桥

N

0 50 100 200

上方门节点设计

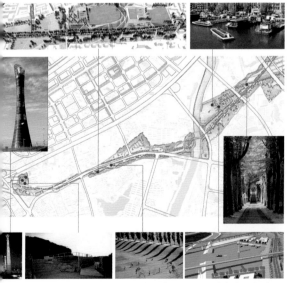

外郭南段和现代城市交通相交织

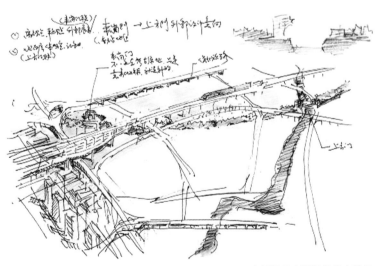

高桥门至夹岗门段节点设计

三、南京城墙沿线城市设计

时　　间：2013-2014

项目负责：陈　薇　王建国　韩冬青　成玉宁　阳建强

项目参加：陈　薇　王建国　韩冬青　成玉宁　阳建强

　　　　　是　霏　孙世界　杨　志　宋亚程　汤晔峥

　　　　　鲍洁敏　疏唐昊　孙晓倩　戎卿文　葛　欣

　　　　　谭　明　曾宇杰　钱轶懿　刘　哲　陈　月

　　　　　田梦晓　翟　炼　吕明扬　原　满　莘博文

　　　　　张家豪　单梦婷　刘　悦

规　　模：843 公顷

玄武门节点设计

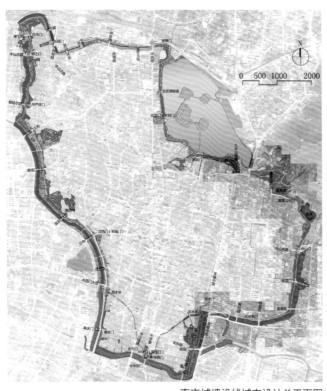

南京城墙沿线城市设计总平面图

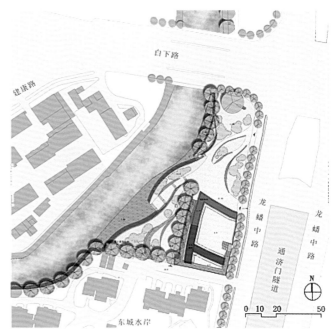

通济门节点设计

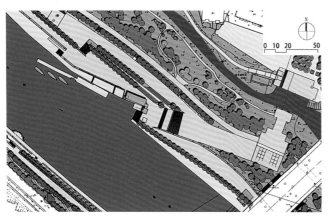

清凉门节点设计

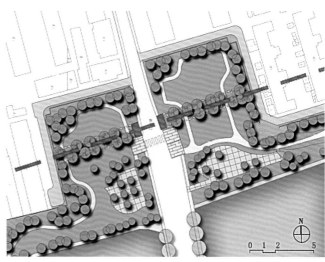

新民门节点设计

中山门北侧实施效果

标营门北侧实施效果

定淮门遗址段实施效果

玄武湖段实施效果

55 全国重点文物保护单位余姚河姆渡遗址保护规划

名　　称：全国重点文物保护单位余姚河姆渡遗址保护规划
地　　点：浙江省宁波市
时　　间：2008
项目负责：朱光亚
项目参加：朱光亚　都　荧　杨　慧
规　　模：10公顷

　　河姆渡遗址位于浙江省余姚市河姆渡镇，是我国长江下游一处保存状况良好的重要的新石器时代遗址，是新中国成立以来我国的重大考古发现之一，是我国古代文明的满天星斗式分布的证明。20世纪八九十年代陈同滨同志做过第一轮规划，新世纪中随着城镇化进程，人地矛盾日益突出，遗址环境受到严重侵蚀，引起领导部门高度重视，因而针对新出现的问题做了第二次全面的规划。规划延续第一轮规划的整体展示古代文明及其生成环境的功能定位，深入分析土地使用状况和附近村落、企业状况及现存遗产的主要威胁和潜在威胁以及未来的管理经营的潜力等。规划将区域资源进行整合，形成三个步骤和范围，第一是核心保护和高科技保护和展示；第二是周边资源的重组和梳理，成为非单一、内容充实多样的展示群，以及各种设施的配备，以具备发展利用的条件；第三是周边自然环境的生态重建，恢复山野自然环境，以达到环境的保护和可持续发展。规划针对业已存在的旅游设施体量过大和环境问题提出了调整和环境整治的方案。

2003年时河姆渡遗址的遥感照片

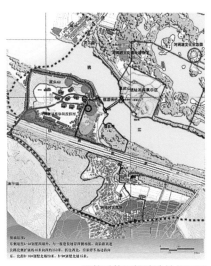

调整后的河姆渡遗址分区图

扩大保护范围所做的分析图

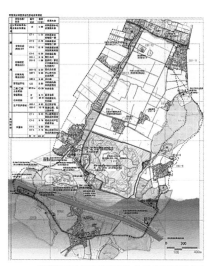

调整后的河姆渡遗址土地利用规划图

河姆渡遗址入口的景观标志

河姆渡遗址上经复原的干栏式建筑形象

56 全国重点文物保护单位辽宁九门口段、小河口段和小虹螺山段明长城保护规划（2010-2030）

名　　称：全国重点文物保护单位辽宁九门口段、小河口段和
　　　　　小虹螺山段明长城保护规划（2010-2030）
地　　点：辽宁省葫芦岛市
时　　间：2008-2014
项目负责：周小棣　陈薇
项目参加：周小棣　陈薇　沈旸　相睿　常军富
　　　　　汪涛　章冬　刘江南　熊康
规　　模：工作段全长 30 公里，规划面积 20000 公顷
合作单位：辽宁省文物保护中心

　　长城是第一批全国重点文物保护单位（1961），也是世界文化遗产（1987）。2005 年，国家启动了为期 10 年的长城保护工程（2005-2014），并于 2006 年启动了长城资源调查的试点工作。自 2006 年 8 月参加长城资源调查河北省示范段的调查工作以来的近 10 年间，规划团队参加了长城许多地段的保护规划工作，其中以明长城"九边重镇"中的辽东镇和蓟镇的部分长城点段为主。这中间，九门口段长城、小河口段

长城和小虹螺山段长城分别是明代长城中过河城桥、两镇交接段防御纵深及墙体与山险结合等多种长城关隘类型的典型代表。

　　规划团队对这些点段的长城本体及附属文物进行了详细的实地调研和测绘，收集到长城保存现状的第一手数据资料，同时对各段长城的历史沿革做了深入的文献检索和考证，运用 GIS 地理信息系统等技术，对长城防御体系的构成、选址、有效防御区域、运作手段等做了科学的分析和总结，进而对各段长城的价值内涵有全面和深入的认识。在此基础上，规划团队对长城的现状进行了科学评估，并制定了相应的保护措施，以确保长城及周围自然环境得到全面、完整的保护。

　　此外，在严格保护长城文物本体的前提下，考虑到长城旅游发展的需求，从长城的科学展示和合理利用出发，规划团队还就各点段长城的开放段落、展示路线和展示措施提出了相关计划和要求，并从沿线堡城的保护与修缮、相关配套设施及当地村民参与方面提出了一系列控制与引导措施，以确保文物本体保护与长城旅游发展的和谐共存。

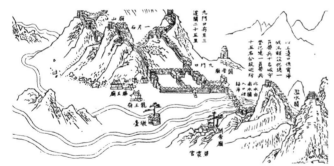

清光绪　《永平府志》　边口图·九门口

民国　《临榆县志》　边城图

民国　《临榆县志》　九门口街市图

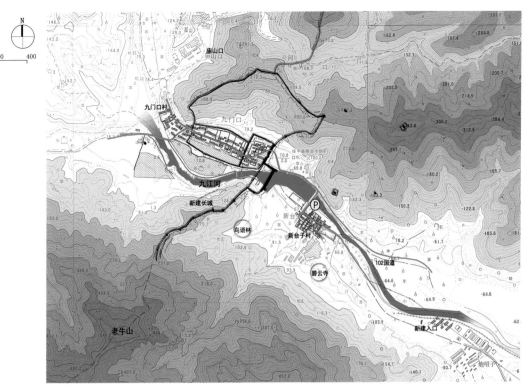

九门口长城现状总平面图

砖砌城墙及敌楼

城桥及北段长城

城桥及南段长城

九门口长城全景

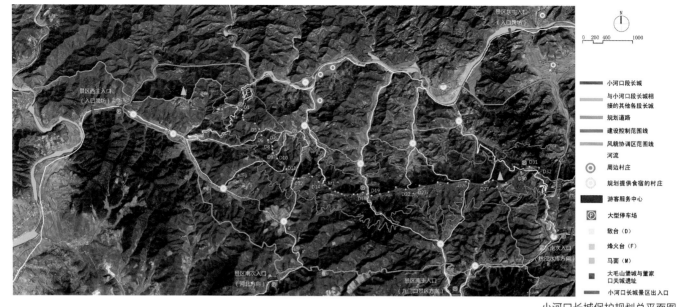

小河口长城保护规划总平面图

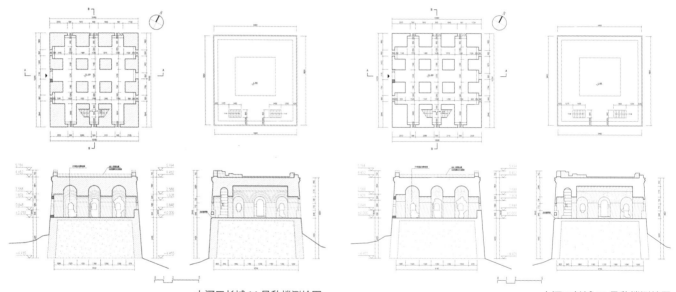

小河口长城 14 号敌楼测绘图 　　　　　　　　　　　小河口长城 16 号敌楼测绘图

随山脊蜿蜒曲折的城墙

石砌城墙

砖砌城墙

砖砌雉堞

小河口长城山险

小河口长城全景

小虹螺山长城 10 号敌台测绘图

图例
城墙　　居住址　　　高程557.82-637.51　　高程239.07-318.76
敌台　　道路　　　　高程478.13-557.82　　高程159.38-239.07
烽火台　水系　　　　高程398.44-478.13　　高程79.69-159.38
采石场　高程637.51-717.20　高程318.76-398.44　高程0-79.69

N

0　500　1000　　　2000

小虹螺山长城高程图

10 号敌台及沿线长城

图例　　　■ 规划保护范围
　　　　　□ 规划Ⅰ类建设控制地带
　　　　　□ 规划Ⅱ类建设控制地带
　　　　　□ 规划风貌协调区

小虹螺山长城规划保护区划三维图

小虹螺山长城石墙及山险

小虹螺山长城山险

石墙与山险交接处

205

57 全国重点文物保护单位西炮台遗址文物保护规划（2013-2030）

名　　称：全国重点文物保护单位西炮台遗址文物保护规划
　　　　　（2013-2030）
地　　点：辽宁省营口市
时　　间：2010-2013
项目负责：周小棣
项目参加：周小棣　沈旸　相睿　常军富　汪涛
规　　模：114.76公顷

　　西炮台遗址位于营口市西郊辽河入海口的左岸，西面临海，始建于1881年，竣工于1886年，由炮台、围墙、护台濠以及兵营库房遗址等组成。西炮台是第二次鸦片战争后修筑的重要海防工程，是晚清海防体系运作中的渤海湾军事要塞，也是目前国内少见的保存完整的近代炮台之一，拥有攻击、防御和保障为一体的完整军事防御系统。西炮台遗址作为"军事工程"类遗址，军事运作和实施的功能要求是其文物价值的最基本的体现。保护规划基于这一理念对西炮台遗产构成及价值做了深入解读和全面评估，在此基础上提出了以下保护策略：一是对历史环境的整体保护与控制，二是对西炮台作为拥有攻击防御和保障为一体的完整的晚清军事防御系统的布局结构的全面呈现，三是确保西炮台构成要素的真实和完整保护。规划从西炮台遗址最根本的军事属性出发，从本源上准确把握了其遗产内涵和价值，达到构建和保护文物本体历史信息的真实性与完整性的目的，为同类型文物保护单位保护规划的编制和同时期军事防御体系的研究提供了重要的方法论基础。该项目获2017年度教育部优秀工程勘察设计规划设计二等奖。

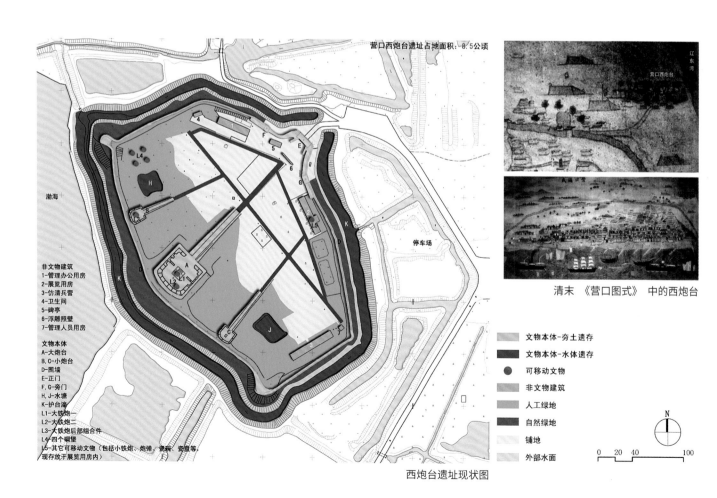

营口西炮台遗址占地面积：8.5公顷

非文物建筑
1-管理办公用房
2-展览用房
3-仿清兵营
4-卫生间
5-碑亭
6-浮雕照壁
7-管理人员用房
文物本体
A-大炮台
B、C-小炮台
D-围墙
E-正门
F、G-旁门
H、J-水塘
K-护台濠
L1-大铁炮一
L2-大铁炮二
L3-大铁炮后部组合件
L4-四个碉堡
L5-其它可移动文物（包括小铁炮、炮弹、瓷碗、窑盆等，现存放于展览用房内）

渤海

停车场

清末《营口图式》中的西炮台

文物本体-夯土遗存
文物本体-水体遗存
可移动文物
非文物建筑
人工绿地
自然绿地
铺地
外部水面

N

0　20　40　　　100

西炮台遗址现状图

206

西炮台大门展示

西炮台围墙及展示的铁炮

炮台及院内环境

西炮台临海环境

西炮台朝向市区视景

规划保护范围
规划建控地带范围
建筑处置-减层处理
建筑处置-绿化遮挡
建筑处置-逐步搬迁
高大乔木种植区
湿地植物种植区
现状建设用地
城市道路
水体
规划文物办公管理和展览用地
⒫ 规划停车场

N

0 50 100 200

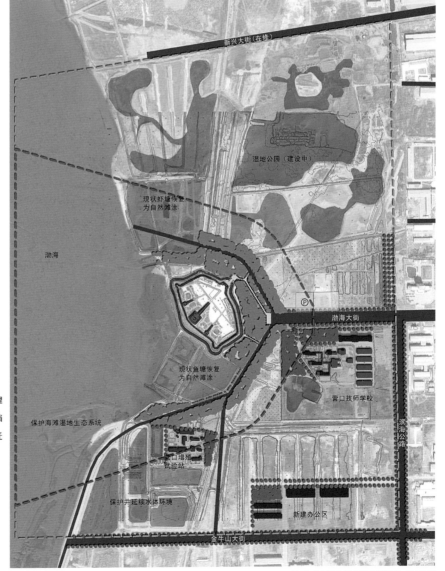

西炮台遗址外部环境整治规划图

207

58 全国重点文物保护单位晋祠文物保护规划 (2015-2030)

名　　称：全国重点文物保护单位晋祠文物保护规划（2015-2030）
地　　点：山西省太原市
时　　间：2012-2013
项目负责：周小棣
项目参加：周小棣　常军富　相　睿　沈　旸　申　童
　　　　　吴乐源
规　　模：74.24 公顷

晋祠历史悠久，文化遗产丰富，价值独特。它是中国现存最早的皇家祭祀园林，是中国古代建筑艺术的集大成者，也是三晋历史文脉的综合载体。晋祠内附属的彩塑、壁画、碑碣等均为国宝，弥足珍贵。

保护规划对晋祠所有的遗产构成第一次进行了全面系统的梳理，将晋祠的建筑系统、景观园林系统、自然与历史人文环境系统三个方面完整结合并归类，对晋祠所有的文物构成做了科学、合理的梳理和整合，确保了晋祠文化遗产内涵的清晰和完整呈现，并在此基础上提出了详细、全面且富有针对性的保护措施。同时，第一次从规划层面发掘和彰显了晋祠历史环境与晋祠历史脉络的内在联系，提出针对晋祠历史环境进行整体

保护和控制的措施，这些措施涵盖了晋祠外的晋水水利设施和灌溉体系、悬瓮山的自然和人文景观、晋祠"内八景"与"外八景"，以及晋祠周边的传统村堡环境和建筑遗存等。另外，规划还第一次将晋祠文物本体和历史环境及非物质文化遗产的文化内涵进行了提炼，并提出了全面具体的展示措施，强调了文物的社会文化价值和合理利用。该项目获 2017 年度教育部优秀工程勘察设计规划设计一等奖。

晋祠文物构成

晋祠现状总平面图

晋祠圣母殿

晋祠难老泉亭及水母楼

唐叔虞祠

晋祠分水设施

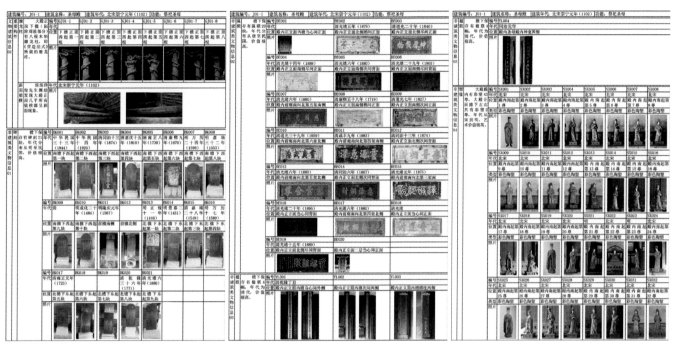

晋祠文物信息统计表

元旦通祀
正月初八祀关圣帝君
正月初九祀玉皇大帝
正月二十、二十五祀仓王
二月初三祀文昌帝君
二月择吉日祀王琼
二月十五祀太上老君
二月择吉日祀晋水七贤

三月二十祀苗裔神
三月二十五祀唐叔虞
三月二十八祀东岳大帝
四月初八祀释迦牟尼佛
四月十四祀吕洞宾

四月二十八祀药王
五月初五祀碉坤
五月十三祀关羊帝君
六月初一至七月初五祀殿化水母兼祀圣母

六月十九祀观音菩萨
六月二十三祀灵宫神

七月初二祀圣母
七月初八祀瘟星
七月十五祀盂兰盆会
七月二十祀财神
七月三十祀地藏菩萨
八月初八祀朱衣神
八月十五中秋节通祀
八月择吉日祀晋水七贤
八月择吉日祀王琼
八月初三祀孔子
九月初三祀晋龙王神
九月初九重阳节通祀

十月初五祀初祖达摩
十月十一祀鲁班

十一月冬至日通祀
十一月二十六祀北方五通神
十二月初八腊八节祀诸佛

十二月二十三通祀

十二月二十五祀三清

晋祠祭祀活动分布图

● 祭祀点

正月通祀 通祀活动

仍然活跃的祭祀活动

水系

車行公路
山路
晋祠院落
规划保护范围
规划一类建设控制地带
规划二类建设控制地带

晋祠规划保护区划三维图

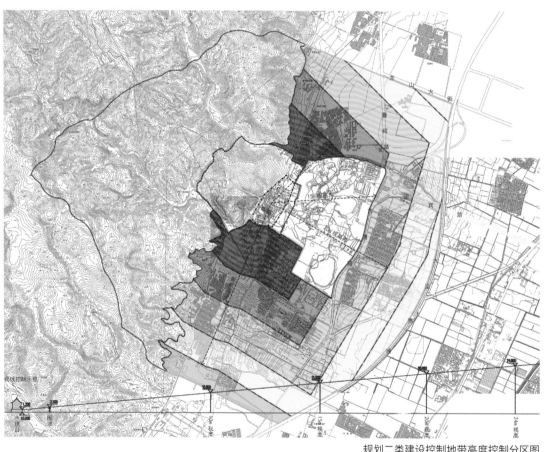

晋祠范围
5m 控高范围
10m 控高范围
15m 控高范围
20m 控高范围
24m 控高范围
规划保护范围
规划一类建设控制地带
规划二类建设控制地带

规划二类建设控制地带高度控制分区图

晋祠周围区域环境（自悬瓮山山腰远眺）

周边传统村落

从悬瓮山上鸟瞰晋祠

周边传统民居

晋祠公园雨花寺

晋祠公园景观

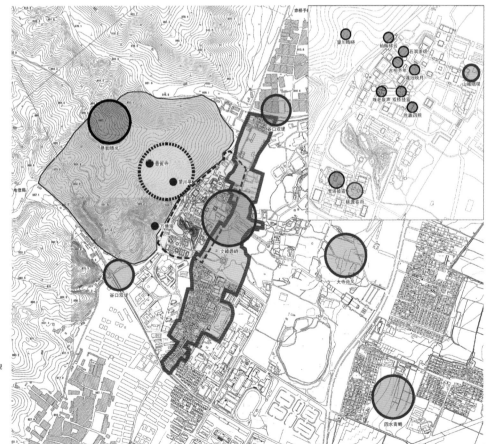

晋祠

保护和延续的历史景观

加强历史研究和调查

悬瓮山山体环境保护

悬瓮山历史景观遗址调查和勘探区域

晋祠堡历史遗存和遗址调查与勘探区域

晋祠周边历史环境要素保护措施示意图

V

遗址保护与展示

此处列入项目既有规划为主也有设计为主，这类项目的保护对象多为遗址类遗存，或大或小，大者则从总体规划开始由若干层级，小者则主要是接续规划建造有效的保护设施，后者因为都具有区别于保护对象的设施性而从修缮类分出。他们的基本功能是覆盖性地保护遗址免于风吹日晒雨淋，但在不同的案例或者机遇中还会被赋予其他职能，例如对保护对象诠释、隐喻或反衬，或者直接作为展示空间，甚至有代替保护对象成为地标的任务。建筑师因而需要既把握机遇也要谨慎从事，不能越俎代庖，喧宾夺主，同时过程设计和施工设计非常重要，一旦发现新的遗址将及时调整方案，同时保证施工方法对遗址不产生不利的影响。

59 印山越王陵保护规划及保护设施设计

名　　称：印山越王陵保护规划及保护设施设计
地　　点：浙江省绍兴市
时　　间：1999-2001
项目负责：朱光亚
项目参加：朱光亚　陈　易　杨　谦　曹双寅　等
规　　模：2300 平方米

　　印山大墓经 1998 年和 1999 年的考古发掘，初步证实为越国国君勾践之父允常之墓，2000 年被评为全国十大考古发现，2001 年被评为全国重点文物保护单位。大墓墓室型制代表了早期的人字形窝棚式的居住形态，巨大的木构件证明了当年印山周围是原始森林，验证了越绝书所说的木客的地名和前人对木客当属伐木工人的诠释，墓廓外的100 层树皮 1 米厚的焦炭层和外部覆盖的青胶泥层显示了春秋时代良好的防水、防腐技术，但该墓已被盗过，且因勾践战胜吴国后逐鹿中原，墓葬曾迁至他处，随葬品几乎荡然无存。该项目属于遗址保护设施。如何最大限度地保护遗址，保护木构墓廓及上部防水层，保护现存地形地貌，防止风化岩和残存夯土的剥蚀坍塌，防止渗水等都是设计中思考的课题。保护是为了传承，如何对公众开放展示这一珍贵的遗产，显示和解说遗址的壮观与古代木构的奇特，则是设计的另一个任务，特别是处理好保护建筑与其保护对象的关系，需要多方斟酌。该设计力求简洁、合理，同

考古时的印山越王陵的鸟瞰照片

时也以建筑手段对文物所处时代的文化积淀作了表达和揭示。该项目是我国近年的遗址保护设施中建成较早的一个，为后来南方遗址保护设施的建设提供了启示，建成后受到了国家文物局专家们的充分肯定。2001 年该工程获绍兴市兰花杯奖。

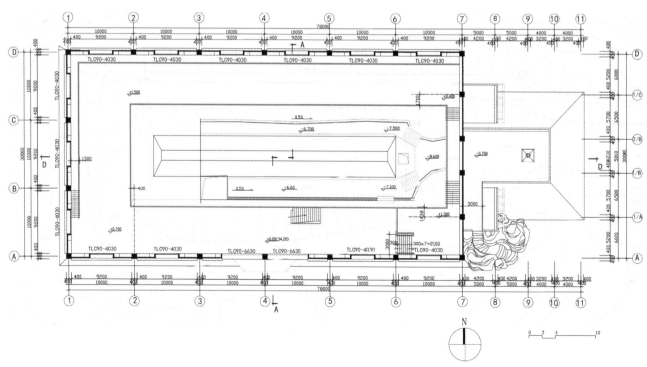

越王陵遗址和保护建筑平面图

印山越王陵保护建筑内景

印山越王陵山下部分墓道出口侧景

保护建筑山上部分的入口

60 全国重点文物保护单位
南京大报恩寺遗址保护与博物馆

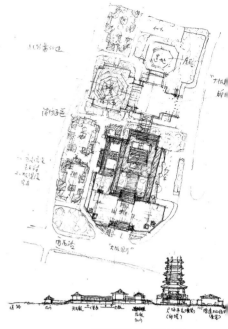

潘谷西手绘一期方案

名　　称：全国重点文物保护单位南京大报恩寺遗址保护与
　　　　　博物馆
地　　点：江苏省南京市
时　　间：2003-2015
一期负责：潘谷西　朱光亚　陈　薇
　　　　　"金陵大报恩寺及琉璃塔遗址公园概念规划"
　　　　　（2003-2004）
一期参加：潘谷西　朱光亚　陈　薇　诸葛净　李国华
　　　　　赵　林　石宏超
规划用地：7.6公顷
二期负责：潘谷西　陈　薇　朱光亚
　　　　　"金陵大报恩寺琉璃塔及遗址公园工程"（2007-
　　　　　2011）
二期参加：潘谷西　陈　薇　朱光亚　王建国　李国华
　　　　　杨　俊　王　劲　李练英　孙　逊　龚曾谷
　　　　　王晓俊　俞海洋　孟　超　薛　垲　是　霏
　　　　　冯耀祖　翟玉章　凌　洁　高　琛　许若菲
规划用地：7.6公顷
三期负责：陈　薇　韩冬青　王建国
　　　　　"南京大报恩寺遗址公园概念性规划设计国际竞
　　　　　赛"；"金陵大报恩寺遗址公园报恩新塔设计方案
　　　　　国际竞赛"（2011-2012）
三期参加：陈　薇　韩冬青　王建国　孙　逊　胡　石
　　　　　姚昕悦　马骏华　杨　俊　吴国栋　何志鹏
　　　　　戎卿文　李小溪　赵　越　许若菲　兰文龙
　　　　　赵　辇
顾　　问：潘谷西　朱光亚
规划用地：18.3公顷
四期负责：韩冬青　陈　薇
　　　　　"南京大报恩寺建设项目"（2012-2015）
四期参加：韩冬青　陈　薇　王建国　马晓东　孟　媛
　　　　　朱光亚　孙　逊　胡明皓　张　翀　黄　凯
　　　　　黄　瑞　鲍迎春　陈　俊　屈建球　张　程
　　　　　杨冬辉　伍清辉　贾亭立　是　霏　杨　俊
　　　　　白　颖　孙晓倩　姚舒然　田梦晓
工程规模：6.08万平方米

　　这是一个复杂的工程，也是对于设计对象价值发现不断
认知的过程。重建金陵大报恩寺提案始于2003年，委托
东南大学以潘谷西教授为首的设计团队进行规划设计，2004
年完成概念规划成果并进行了公示，2006年南京城市规划
委员会根据市政协的议案，做出重建金陵大报恩寺塔的决定，
2007年该项目被列入南京市十大重点工程计划。
　　2007年至2010年，为配合建设进行了四期考古发掘，

图例
—— 2006年规划范围
▨ 1982年公布的省保护范围
▢ 1982年公布的省建设控制地带

报恩寺遗址区位图

其成果确定了原塔位置、廓清了明代寺庙格局、发现了七宝
阿育王塔等一系列世界级文物与圣物、发掘了若干遗址遗迹
和水工设施。2011年6月被评为"2010年度全国十大考古
新发现"，2013年5月被国务院核定公布为"全国重点文物
保护单位"。
　　随着遗址保护性质的提高和重要文物价值的发现，2011
年至2012年针对遗址公园和新塔设计开展了两轮国际竞赛，
东南大学团队获得双重头筹。此成果基于长期的研究成果、
严谨的科学保护态度，又立足于强烈的创新意识和优秀的合
作团队。在后续的遗址博物馆建设中，这种工作作风和技术
力量，保证了遗址得到最大化的真实性和完整性的保护与展
示，并体现出遗址和新塔在历史和当代之间跨越的神奇力量，
在学界和社会上产生重要影响。

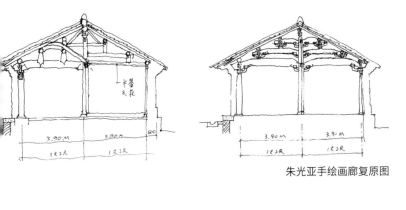

朱光亚手绘画廊复原图

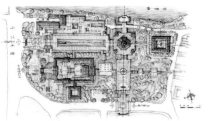

陈薇手绘二期方案

报恩寺遗址保护区划图

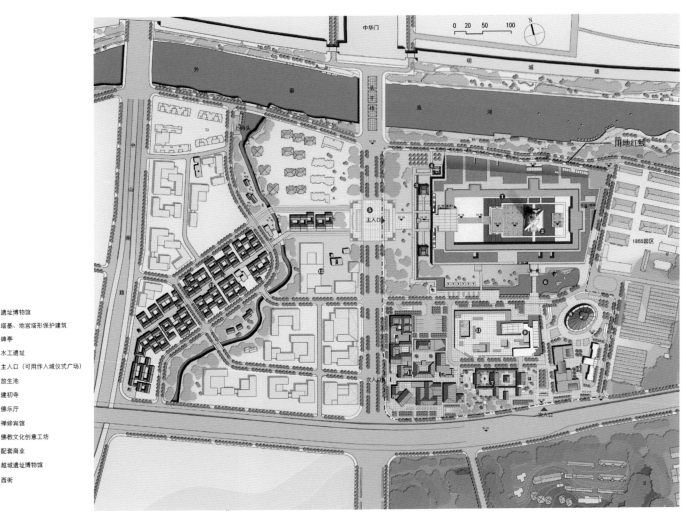

遗址博物馆
塔基、地宫塔形保护建筑
碑亭
水工遗址
主入口（可用作入城仪式广场）
放生池
建初寺
佛乐厅
禅修宾馆
佛教文化创意工坊
配套商业
越城遗址博物馆
西街

报恩寺遗址公园总平面图

报恩寺遗址公园规划设计效果图

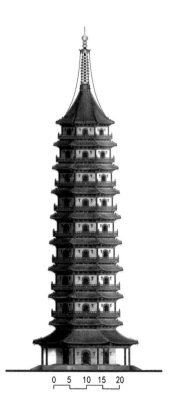

报恩寺琉璃塔复原图

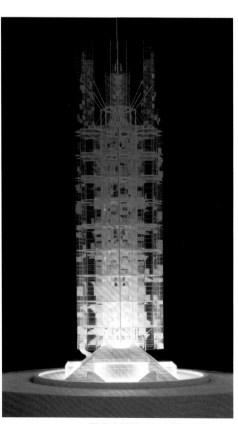

报恩寺新塔国际竞赛方案第一名

报恩寺新塔

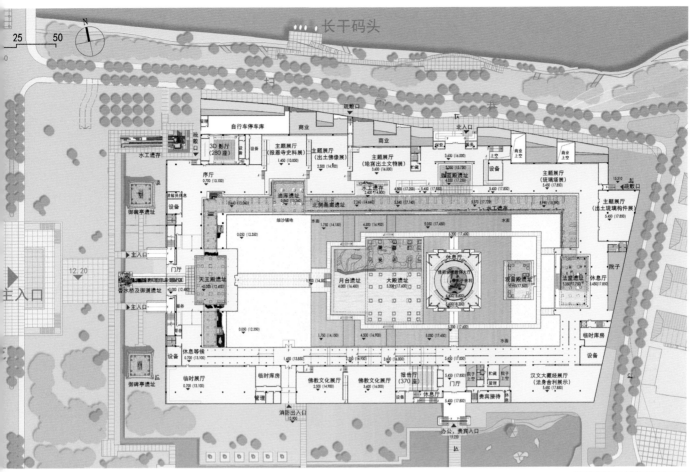

报恩寺遗址博物馆平面图

报恩寺遗址博物馆入口

历史意向现代新塔（摄影：李晓华）

报恩寺遗址博物馆与南京城墙

水工遗址

法堂遗址静卧博物馆内

画廊遗址

61 龟山汉墓保护工程

名　　称：龟山汉墓保护工程
地　　点：江苏省徐州市
时　　间：2004-2006
项目负责：朱光亚
项目参加：朱光亚　俞海洋　崔　明　孙卫华　薛永骎
　　　　　龚曾谷　吴　雁
规　　模：1200公顷
合作单位：中国文化遗产研究院（规划部分）

　　龟山汉墓是1981年当地群众开山采石时发现的，开凿于汉武帝时代，为西汉第六代楚襄王刘注的夫妻合葬墓，两墓均为横穴崖洞式，墓葬开口处于龟山西麓，规模宏大，结构复杂，做工精湛。墓葬东西长83米，南北最宽处达33米，共有大小配套、主次分明的墓室、卧室、客厅、马厩、厨房等15间，是一座地下宫殿。南北两条平行的甬道各长56米，每条甬道有26块重达6～7吨的塞石封堵。1981年11月和1992年11月，南京博物院会同徐州市文化局完成考古和发掘清理。1993年6月徐州地方完成了简单的入口保护设施。1996年龟山汉墓公布为国保，因原入口建筑叠压了部分墓道不利于保护和展示以及保护设施过于简陋，因而决定对整个龟山地带做国保单位龟山汉墓的全面的保护规划，并在规划完成后调整保护设施。2004年开展的规划初步确定，龟山是局部区域的中心。九里山脉北的诸山环抱龟山，犹众星拱月，九里山似屏障，大、小孤山如双阙。可说明龟山的选址与周围半月状的多处山峰的环境密不可分。龟山周围多年的开山取石已经将大半个龟山掏空，需要整体整治，规划划定的保护区划与保护的视廊，确定了保护范围内的整治要求和设施设置的要求。

　　2004年龟山汉墓入口保护建筑是龟山汉墓保护工程一期的工程项目，该项目的目标是落实《龟山汉墓保护规划》中关于二号墓的保护工作，结合揭示原来掩埋于地下二号墓的墓道，重建龟山汉墓入口保护建筑，主体设计为矩形，重新清理墓道，并以大遗址厅的轻钢结构全部覆盖展示，结合地形，在半地下空间做自然覆土，点缀草木山石，立面均以青灰色调的当地石材做背景淡化处理，仅在入口处设计了汉墓入口亭表现汉代文化特色。该项目获得中国文物信息咨询中心颁发的2007年度"全国十佳文物保护工程勘察设计方案及文物保护规划"奖。

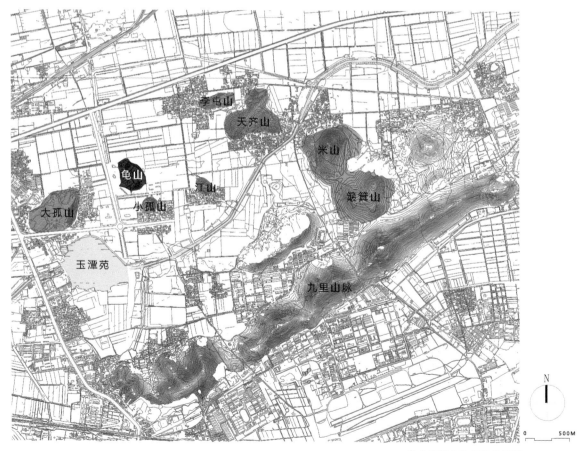

龟山周边山体关系分析图

222

龟山汉墓及保护建筑入口

汉墓全景

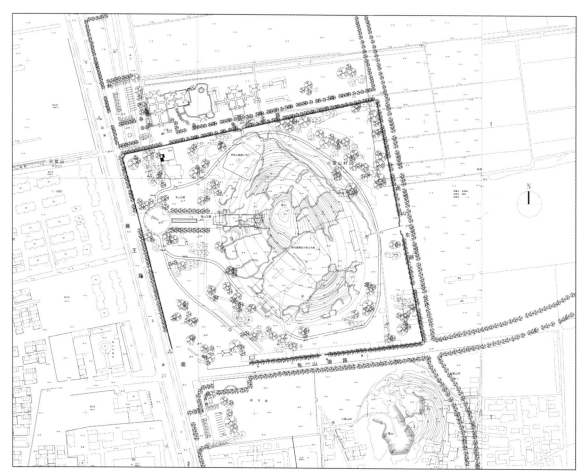

龟山汉墓总平面图，图中大网格为 500 米

龟山汉墓保护建筑铜脊兽

龟山汉墓保护建筑铜角兽

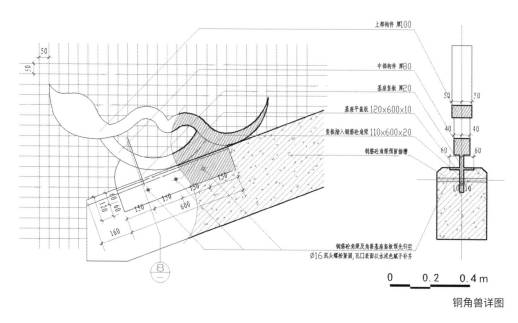

铜角兽详图

龟山汉墓保护建筑玻璃廊道进入墓道口

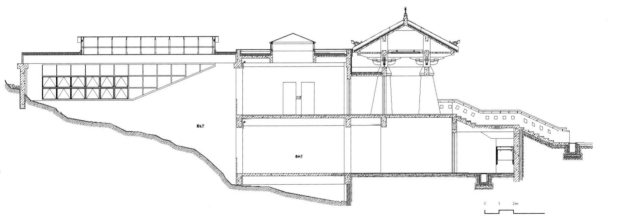

龟山汉墓保护建筑玻璃廊道进入墓道口

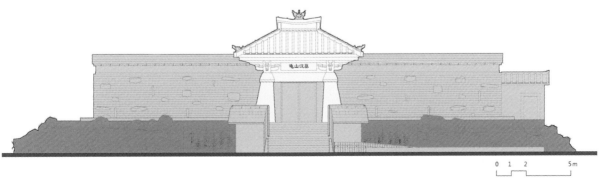

龟山汉墓保护建筑立面

62 全国重点文物保护单位扬州城遗址（隋至宋）
保护规划与南门遗址保护与展示工程

名　　称：全国重点文物保护单位扬州城遗址（隋至宋）保
　　　　　护规划与南门遗址保护与展示工程
地　　点：江苏省扬州市

一、全国重点文物保护单位扬州城遗址（隋至宋）保护规划
　　（2010-2030）
时　　间：2007-2011
项目负责：陈　薇
项目参加：陈　薇　钟行明　张剑葳　刘　妍　孟　超
　　　　　薛　垲　祁　昭
校　　核：董　卫
审　　核：朱光亚
合作单位：扬州市文物局 扬州市规划局 扬州市文物管理委
　　　　　员会

　　扬州城遗址具有汉至明清时代的延续性、城址范围未变
的鲜明地域性，历代的政治、经济、军事、交通、文化、艺
术等方面内涵的丰富性和遗址保存完整性等多重性质。扬州
城遗址是中国古代重叠型城市的代表，遗址、遗迹、遗物保
存完好，埋藏丰富。而且汉唐以来为中国古代重要的大都会，
是与日本、新罗、波斯、阿拉伯等国家政治、经济、文化交
流的海上丝绸之路的重要城市，也是元明清中国大运河的重
要枢纽城市。

　　保护规划难度大、范围广，项目组通过大量研究以及对
长期学术成果进行分析和现场调研考察，一方面对考古遗迹
和信息剥离分层，另一方面又对叠压其上的不同保护范围和
相关规定进行整合，从而制定出科学合理的保护区划，确定
了有针对性的保护措施，对于整个扬州的保护与发展发挥了
保护驾航作用，在展示层面也从整体格局到每个城门遗址进
行了方案设计。对于扬州作为申请世界遗产牵头城市的保护
与展示并成功申遗，做出重要贡献。

规划范围与现状图

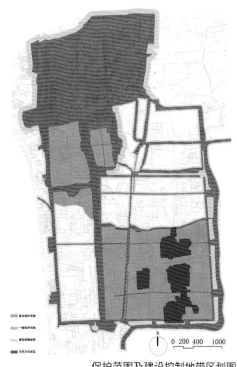

保护范围及建设控制地带区划图

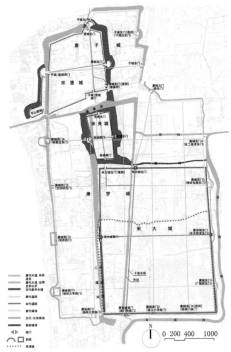

历史与现状关系图

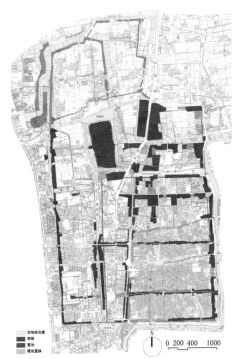

叠压遗址建筑处置方式图

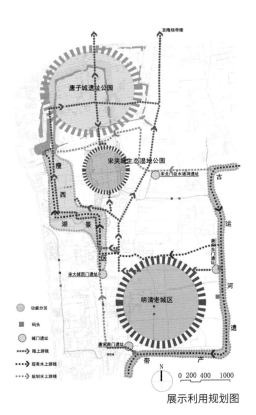

展示利用规划图

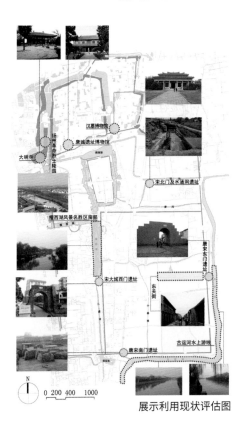

展示利用现状评估图

二、扬州南门遗址保护与展示工程

时　　间：2009-2011
项目负责：韩冬青　陈　薇
遗址保护规划设计：陈　薇　张剑葳
建筑设计：韩冬青　马晓东　陈　薇　刘　华　许昱歆
　　　　　谭　亮　赵　谦　方　榕
结构设计：孙　逊　舒赣平
景观设计：唐　军
规　　模：用地面积 16305 平方米；建筑面积 2660 平方米

　　扬州城遗址（隋至宋）是国务院公布的第四批全国重点
文物保护单位，南门遗址是扬州城址的重要组成部分和代表。
遗址叠压有唐、宋、元、明、清历代遗构信息，2007 年考
古发掘成果显示了南门作为扬州历代瓮城和城市大门的重要
历史、科技和艺术价值。项目针对复杂环境和南城墙埋藏区
及遗址丰富的历史信息，以最小干预原则进行保护与展示工
程设计和建设。建筑设计选用菱形交叉编织的大跨钢结构，
自重小、跨度大，四边落地基础尽可能分散场地，并不使用
大型施工设施，以保证遗址安全。同时统筹考虑温湿度控
制、通风、防潮、防尘等，以近地面的可开启窗扇和经过计
算的自然通风方式，适于南方土遗址保护的特殊性需求。西
侧外墙以通透的玻璃幕墙和尽可能少的结构支点，使内外遗
址在空间和视觉上相互连通，并为持续考古留有了余地。采
光天棚的设计再现了扬州南门瓮城门道的空间形态特征，结
合观览流线组织，为公众创造了易于认知遗址、再现历史信
息的展示场所。场地规划也致力使遗址博物馆融入周围环境
中。作品入选中华人民共和国文化部和深圳市人民政府设立
的"首届中国设计大展"（China Design Exhibition 2012）。

南门遗址保护与展示工程设计效果图

总平面图

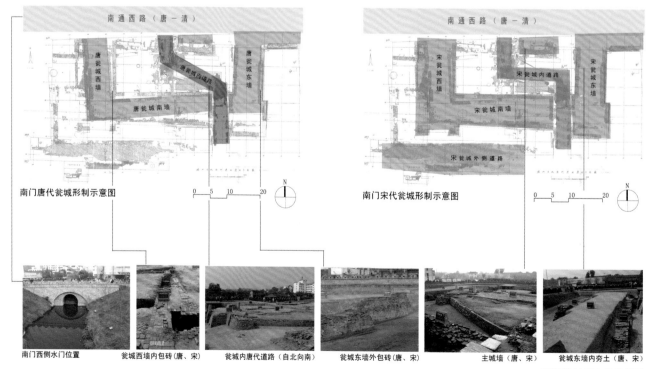

南门唐代瓮城形制示意图　　　　　　　　　南门宋代瓮城形制示意图

南门西侧水门位置　瓮城西墙内包砖（唐、宋）　瓮城内唐代道路（自北向南）　瓮城东墙外包砖（唐、宋）　主城墙（唐、宋）　瓮城东墙内夯土（唐、宋）

南门遗址考古信息解读

编织结构跨越遗址之上

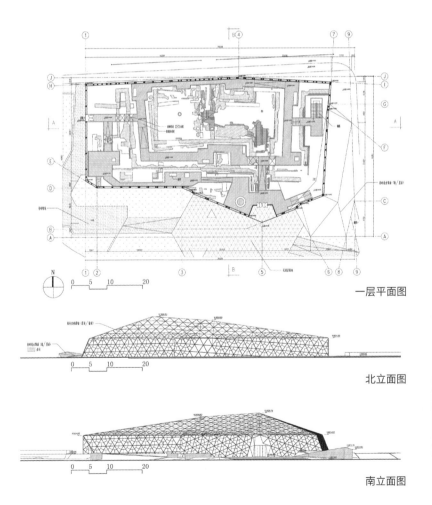

一层平面图

北立面图

南立面图

采光天棚的导向作用

63 大运河遗产江苏段系列保护规划 及后续遗产点段规划设计

名　　称：大运河遗产江苏段系列保护规划及后续遗产点段
　　　　　规划设计
地　　点：江苏省（徐州市 宿迁市 淮安市 扬州市 镇江市
　　　　　常州市 无锡市 苏州市）
时　　间：2008-2011
省市规划项目总负责：朱光亚
各市段规划项目负责：陈 薇 李新建 徐 玫 董 卫
　　　　　　　　　　吴 晓 阳建强
规划项目参加：朱光亚 陈 薇 李新建 徐 玫 董 卫
　　　　　　　吴 晓 阳建强 诸葛净 王建国 白 颖
　　　　　　　胡 石 王承慧 胡明星 王晓俊 宋剑青
　　　　　　　邓 峰 王艳红 汤晔峥 钟行民 纪立芳
　　　　　　　柴洋波 周文竹 王 元 姚 迪 吴美萍
　　　　　　　魏羽力 蒋 楠 王沈玉 柏春广 高军军
　　　　　　　郑 国 张 帆 等
点段项目设计：胡 石 刘博敏 诸葛净 白 颖 宋剑青
　　　　　　　邓 峰 邓 浩 李新建 沈 旸 陈建刚
　　　　　　　李永辉 等
规　　模：规划运河主线总长约590公里
合作单位：中国水利水电科学研究院（参与江苏省段规划）
　　　　　中国文化遗产研究院（参与淮安市段规划）
　　　　　苏州市规划设计研究院、苏州计成文物建筑研究
　　　　　设计院有限公司（参与苏州市段规划）

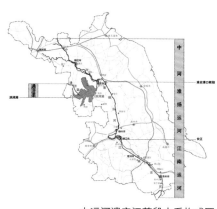

大运河遗产江苏段水系构成图

大运河遗产保护规划是一个巨系统在用遗产的保护规划，2008年国家文物局启动该项工作，分运河沿线各市段规划、分省规划和全国总规三个层次递进展开。2008年至2010年，东南大学建筑学院先后主持完成了江苏8个地级市的大运河遗产保护规划，《中国大运河（江苏段）遗产保护规划（2011-2030）》，以及《中国大运河保护与管理总体规划（2011-2030）》的江苏部分，并与中国文化遗产研究院联合编制了三个层次的大运河遗产保护规划编制要求。在此基础上，2009年以来先后完成了12项大运河遗产点段的保护、整治和展示利用设计，10项江苏运河沿线名城名镇和历史街区保护规划项目。

中国大运河是世界上里程最长、工程最大的古代运河，其中尤以江苏段历史最久、现存航道最长、遗产分布最多、状态最复杂，主航道长达590公里，连接江河湖海，沿线文物古迹和历史文化城镇众多，且至今仍是发挥航运、水利、南水北调等综合作用的黄金水道，其保护规划既是大运河申遗的重要前提，也是一项在国内外均无先例可循的研究工作。为此，项目组在长期的理论研究、申遗遴选和规划设计实践中，形成了以"认知重构－价值研判－技术创新－范式创立"为框架的系列创新成果，包括：基于地文大区和活态遗产认知下的大运河网状复杂系统理论创新；结合世界文化遗产标准并应对江苏段大运河价值特色的评估分层分类方法创新；强调活态遗产先行、确保申遗过程中强力保护、分期规划、有序实施的规划技术创新；制定市、省两级大运河遗产保护规划的技术标准，有效衔接多部门管理要求的管理范式创新。

本项目推荐并最终列入大运河世界文化遗产点段的数量占全国总数的40%，为大运河成功申遗及其长效保护做出了应有的贡献，规划技术和应用成果获2016年度高等学校科学研究优秀成果科学技术进步奖二等奖，2013年度教育部优秀勘察设计三等奖和2016年度江苏省土木建筑学会建筑创作奖一等奖。

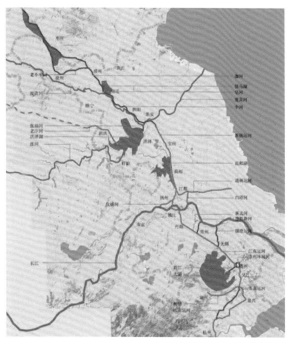

大运河江苏段历史演变分析图

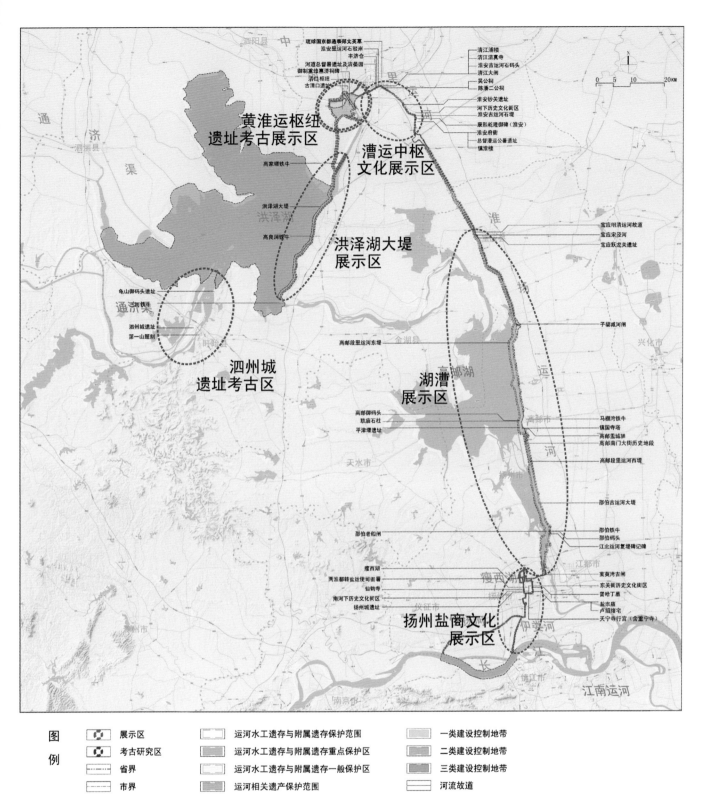

琉球国京都通事郑文英墓
淮安里运河石驳岸
丰济仓
河道总督署遗址及清晏园
御制重修惠济祠碑
清口枢纽
古清口遗址

清江浦楼
清江清真寺
淮安古运河石码头
清江大闸
吴公祠
陈潘二公祠
淮安钞关遗址
河下历史文化街区
淮安古运河石堤
康熙乾隆御碑（淮安）
淮安府衙
总督漕运公署遗址
镇淮楼

黄淮运枢纽
遗址考古展示区

漕运中枢
文化展示区

高家堰铁牛

洪泽湖大堤

高良涧铁牛

洪泽湖大堤
展示区

宝应明清运河故道
宝应宋泾河
宝应跃龙关遗址

子婴河河闸

龟山御码头遗址

泗州城遗址
第一山题刻

泗州城
遗址考古区

高邮段里运河东堤

湖漕
展示区

高邮御码头
耿庙石柱
平津堰遗址

马棚湾铁牛
镇国寺塔
高邮盂城驿
高邮南门大街历史地段
高邮段里运河西堤

邵伯古运河大堤

邵伯铁牛
邵伯码头
江北运河复堤碑记碑

邵伯老船闸

朱莫湾古闸
东关街历史文化街区
普哈丁墓
盐宗庙
卢绍绪宅
天宁寺行宫（含重宁寺）

瘦西湖

两淮都转盐运使司衙署
仙鹤寺
南河下历史文化街区
扬州城遗址

扬州盐商文化
展示区

江南运河

图
例

展示区	运河水工遗存与附属遗存保护范围	一类建设控制地带
考古研究区	运河水工遗存与附属遗存重点保护区	二类建设控制地带
省界	运河水工遗存与附属遗存一般保护区	三类建设控制地带
市界	运河相关遗产保护范围	河流故道

中国大运河江苏段遗产保护规划——淮扬运河保护展示规划图

231

中国大运河江苏段遗产保护规划——江南运河保护展示规划图

中国大运河江苏段遗产保护规划——中运河保护展示规划图

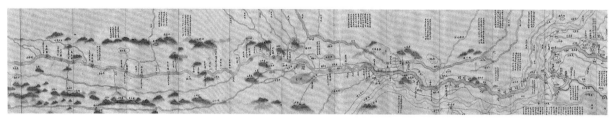

清 《京杭运河全图》 徐州至淮安段

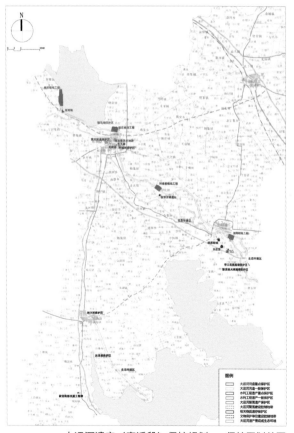

大运河遗产（宿迁段）保护规划——保护区划总图

大运河遗产（镇江段）保护规划——保护区划总图

x

232

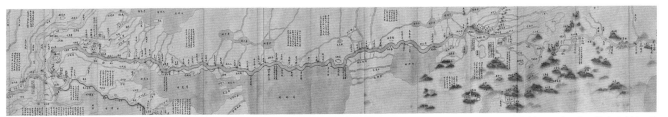

清 《京杭运河全图》 淮安至镇江段

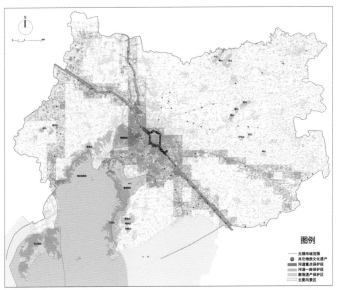

大运河遗产（无锡段）保护规划——保护区划总图

大运河遗产（常州段）保护规划——保护区划总图

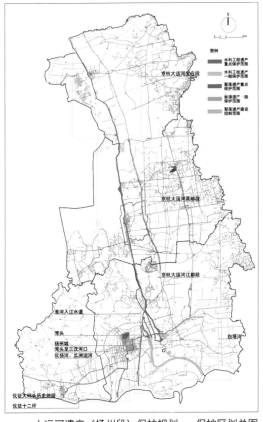

大运河遗产（扬州段）保护规划——保护区划总图

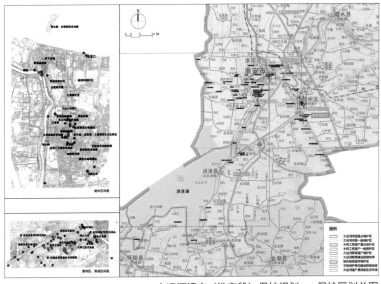

大运河遗产（淮安段）保护规划——保护区划总图

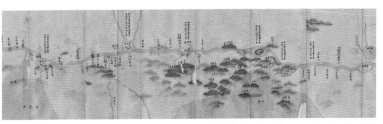

清 《京杭运河全图》 镇江至苏州段

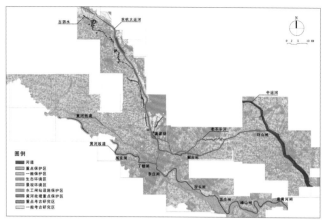

大运河遗产（徐州段）保护规划——保护区划总平面图

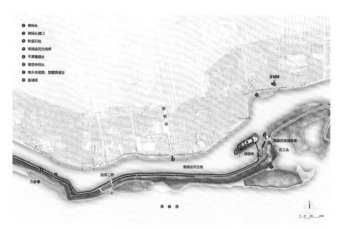

高邮明清运河故道保护与展示方案——总平面图

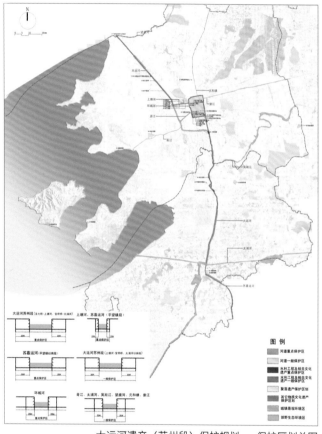

大运河遗产（苏州段）保护规划——保护区划总图

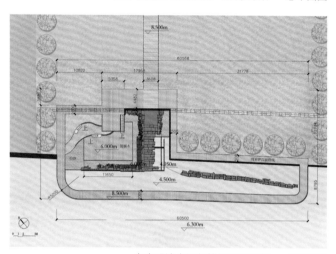

宝应明清水闸保护与展示方案——总平面图

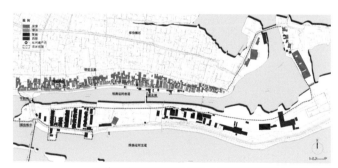

邵伯明清运河故道及周边大运河遗产保护与整治方案
——周边建筑整治方式图

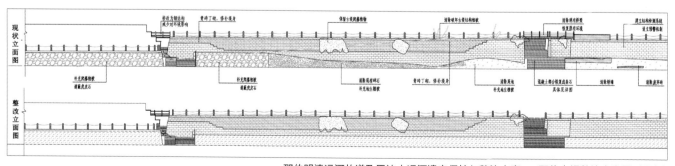

邵伯明清运河故道及周边大运河遗产保护与整治方案——邵伯古堤整治方案图（局部）

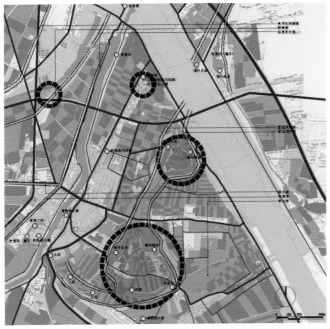

淮安市清口水利枢纽遗址展陈规划——总平面图

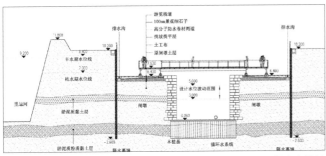

板闸遗址保护展示工程方案设计
——本体保护方案剖面图

天妃坝石工堤及惠济祠遗址展示建筑及本体保护设计方案——鸟瞰图

天妃坝石工堤及惠济祠遗址展示建筑及本体保护设计方案——立面图

顺黄堤遗址展示建筑及本体保护设计方案——保护展示分析图

大运河（淮安段）板闸遗址保护展示工程方案设计——鸟瞰效果图

235

64 泰州南水门遗址保护展示工程

名　　称：泰州南水门遗址保护展示工程
地　　点：江苏省泰州市
时　　间：2010-2013
项目负责：朱光亚
项目参加：朱光亚　徐永利　淳　庆　陈建刚
规　　模：2016 公顷

　　泰州市南水门遗址保护工程于 2010 年 3 月开始保护方案设计，2013 年 9 月通过文物部门组织的竣工验收。遗址采取原样保护模式，有效保护相关建筑遗迹，使水门早晚期各阶段技术工艺、现存状态均能得到有效保存和展示；主体加固区域包括遗址地基和遗址墙身（厢壁与摆手）。特定材料保护模式包括：遗址主体内原始夯土加固措施为锚杆拉结结合土坯砖维护，土坯砖喷涂防水泥浆并定期维护；施工过程中擗石桩采用无色透明的传统生漆做防腐涂刷处理。遗址主体采用露天展示模式，强调城市空间历时性与共识性的并置；上覆玻璃平台，原有河道内重新注水，遗址区域内设计多条立体展示流线，全方位展示遗址原真状况与当下保护模式；为宣传培养文保意识，遗址南部结合设备用房设计一处半开敞地下展厅，以在竣工后展示水门机制、介绍历史文献和泰州城池水系的变迁。

效果图

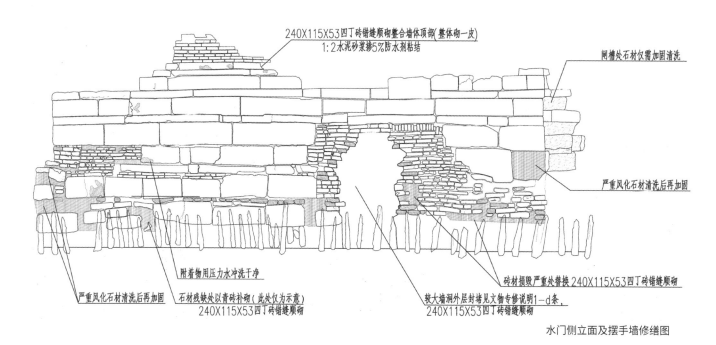

240X115X53四丁砖错缝顺砌整合墙体顶部（整体砌一皮）
1:2水泥砂浆掺5%防水剂粘结

闸槽处石材仅需加固清洗

严重风化石材清洗后再加固

附着物用压力水冲洗干净

砖材损毁严重处替换240X115X53四丁砖错缝顺砌

严重风化石材清洗后再加固

石材残缺处以青砖补砌（此处仅为示意）
240X115X53四丁砖错缝顺砌

较大墙洞外层封堵见文物专修说明1-d条，
240X115X53四丁砖错缝顺砌

水门侧立面及摆手墙修缮图

遗址上覆玻璃平台

立体流线展示遗址

65 全国重点文物保护单位南京明故宫遗址保护

名　　称：全国重点文物保护单位南京明故宫遗址保护
地　　点：江苏省南京市
时　　间：2002–2013–今
一期负责：潘谷西　陈薇　朱光亚
一期参加：潘谷西　陈薇　朱光亚　白颖　汤晔峥
　　　　　张玉瑜　蒋澍　王涛　赵林　沈旸
　　　　　孟平　诸葛净　胡石
二期负责：陈薇
二期参加：陈薇　成玉宁　沈旸　雒建利　孙晓倩
　　　　　匡纬　赵越　高文娟　朱杭　陈希
　　　　　闵欣　钱轶懿　曾宇杰
二期顾问：潘谷西
三期负责：陈薇　沈旸
三期参加：陈薇　沈旸　孙晓倩　钱轶懿　赵越
　　　　　田梦晓　曾宇杰
规　　模：487 公顷

南京明故宫作为遗产保护项目，自潘谷西 2001 年在南京历史文化名城研究会上提交"关于南京明故宫遗址保护的意见"始，于 2002 年正式开展工作，持续不断。

一期（2002 年）完成"明故宫遗址保护规划"，并经由此工作使得南京明故宫遗址的价值得到挖掘而由先前的省级文物保护单位提升为全国重点文物保护单位，保护规划中确定的以宫城（紫禁城）为核心、以皇城为外围、以中心线为贯轴、以"一片、八点、三线"为重点的系统保护格局和定位，为后续工作打下深厚的基础。2012 年正式开展全国重点文物保护单位南京明故宫保护规划。

二期（2012 年）项目团队在"南京明故宫遗址公园概念性规划设计国际招标"中获得第一名，进一步加强了针对遗址的保护与展示内容，探讨了利用考古发掘成果进行遗址博物馆建设的可能性。

三期（2013 年）完成了"南京明故宫遗址公园保护工程方案"，进一步调整了保护范围和建控地带、提出了相应的保护措施及其具体的保护工程方案。在如上三期的工作基础上，江苏省人民政府于 2015 年正式公布了"南京明故宫遗址保护总体规划（2012–2032）"，从而南京明故宫遗址保护在法律层面得以确定，此专项规划也纳入南京历史文化名城保护总体规划，使将来持续的实施保护工作得到保障。

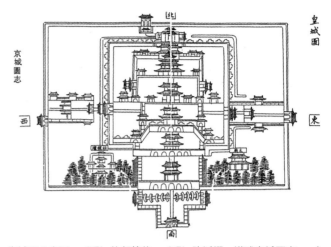

皇城图（来源：（明）礼部纂修；（明）陈沂撰．洪武京城图志·金陵古今图考．南京：南京出版社，2006．）

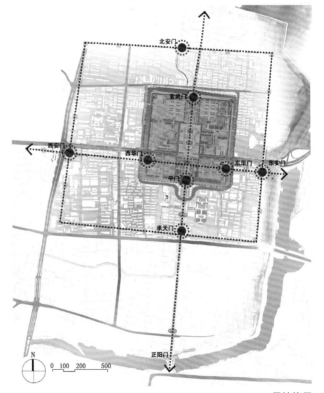

保护格局

1888年午门

20世纪30年代午门

民国十三年左右拆毁午门两翼

明故宫午门影像

238

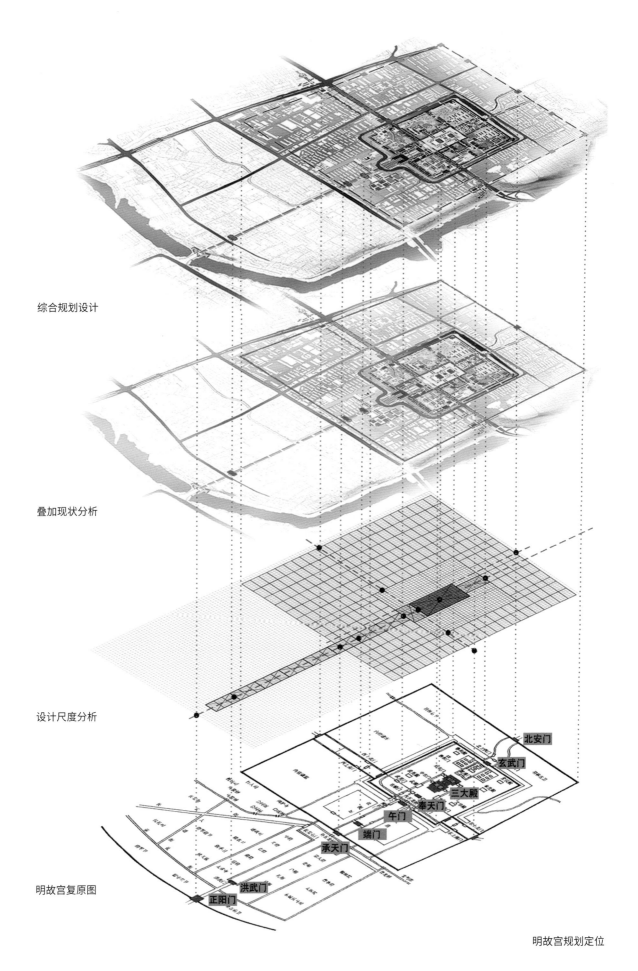

综合规划设计

叠加现状分析

设计尺度分析

明故宫复原图

北安门

玄武门

三大殿

奉天门

午门

端门

承天门

洪武门

正阳门

明故宫规划定位

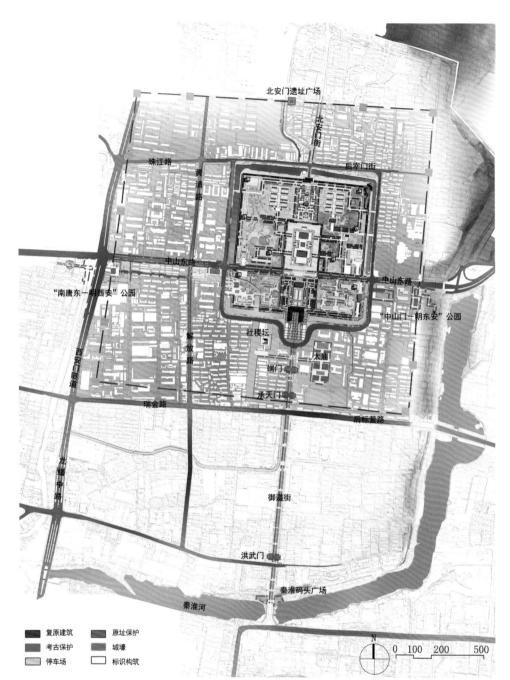

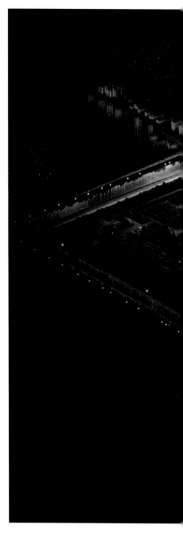

北安门遗址广场

北安门街

珠江路

黄浦路

后宰门街

中山东路

"南唐东—明西安"公园

"中山门—明东安"公园

社稷坛

中山东路

大庙

端门

承天门

后标营路

西安门隧道

解放路

瑞金路

龙蟠中路

御道街

洪武门

秦淮码头广场

秦淮河

▮ 复原建筑	▮ 原址保护
▮ 考古保护	▮ 城壕
▯ 停车场	□ 标识构筑

N

0　100　200　500

明故宫远期规划总平面图

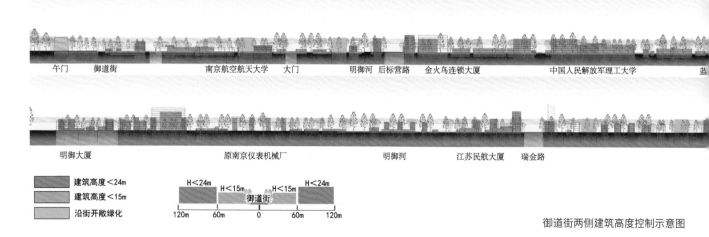

午门　御道街　　　南京航空航天大学　大门　　明御河 后标营路　金火鸟连锁大厦　　　中国人民解放军理工大学　　　蓝

明御大厦　　　原南京仪表机械厂　　　明御河　　江苏民航大厦　瑞金路

▨	建筑高度<24m
▨	建筑高度<15m
▨	沿街开敞绿化

H<24m　　H<15m　　H<15m　　H<24m
御道街
120m　　60m　　0　　60m　　120m

御道街两侧建筑高度控制示意图

明故宫中轴线夜景方案

华御大厦　东立面

京市御道街小学　午门　西立面

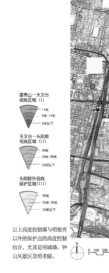

以上高度控制需与明故宫
以外的保护点的高度控制
结合，尤其是明城墙、钟
山风景区及明孝陵。

明故宫北向高度控制图

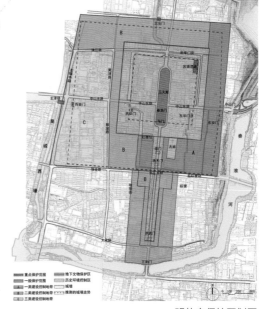

明故宫保护区划图

241

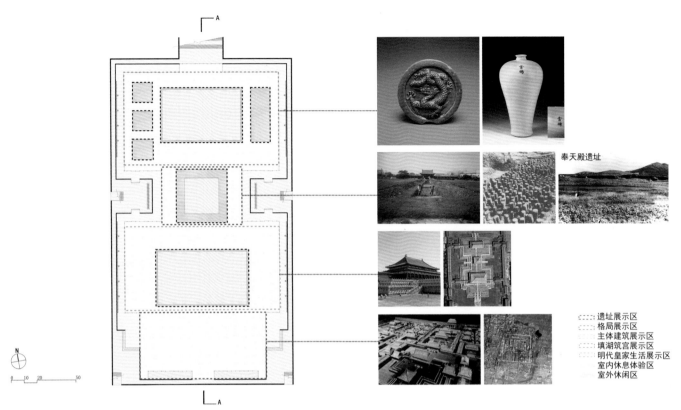

奉天殿遗址

:::: 遗址展示区
格局展示区
主体建筑展示区
填湖筑宫展示区
明代皇家生活展示区
室内休息体验区
室外休闲区

三大殿考古博物馆展示内容及分区

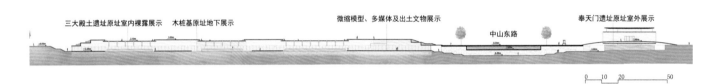

三大殿土遗址原址室内裸露展示　木桩基原址地下展示　　微缩模型、多媒体及出土文物展示　　奉天门遗址原址室外展示

中山东路

三大殿考古博物馆 A-A 剖面图

三大殿考古博物馆室内效果图

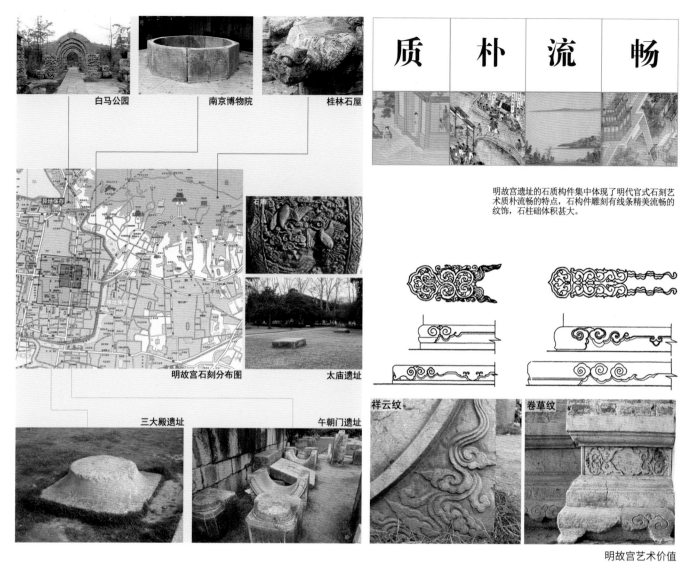

质 朴 流 畅

明故宫遗址的石质构件集中体现了明代官式石刻艺术质朴流畅的特点，石构件雕刻有线条精美流畅的纹饰，石柱础体积甚大。

白马公园　南京博物院　桂林石屋

明故宫石刻分布图　太庙遗址

三大殿遗址　午朝门遗址

祥云纹　卷草纹

明故宫艺术价值

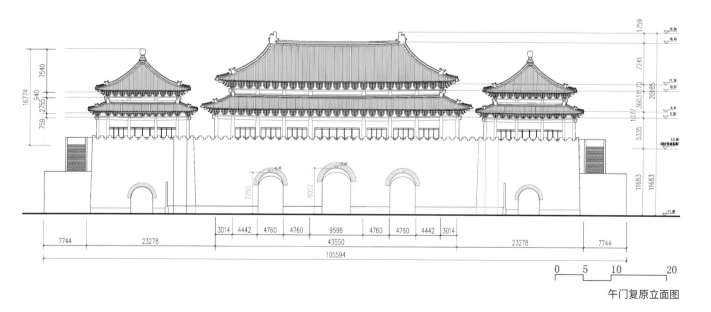

午门复原立面图

后记

　　在东南大学建筑学院院庆紧锣密鼓准备之时，韩冬青院长建议关于遗产保护的教师作品可以单独出版一本。因为对于遗产保护工作，东南大学的前辈开始早，后继者实践多，且长期秉持对于遗产保护敬畏的态度和深厚的情怀。这将是一次总结也是一次探讨，随之我们开展了繁忙的编写工作。对于作品本身，我们设定了基本标准：切实对实际的遗产保护发挥了作用；有一定的代表性和探索性。这里呈现的只是东南大学教师在遗产保护方面开展工作的一个缩影，同时由于编写时间紧，相对真实的工作反映很不充分，也很粗糙，敬请谅解。尽管如此，我们还是对如下编写老师表示衷心的感谢，是他们在酷热的暑假放弃休息挥汗工作，才有这本作品选的诞生，他们是：陈薇、朱光亚、李新建、王为、白颖、是霏、常军富、赖自力等。同时为参与所有遗产保护实践的师生们表示深深的敬意。希望藉由本书出版，加强和同仁们的交流与切磋，推动东南大学的遗产保护事业薪火相传、蔚蓝如天。

《东南大学建筑学院教师遗产保护作品选
（1927-2017）》编写组
2017 年 9 月 19 日